Caleidoscópios geopolíticos
Imagens de um mundo em mutação

Nelson Bacic Olic

Bacharel e licenciado em Geografia pela Universidade de São Paulo.
Um dos editores do jornal *Mundo – Geografia e Política Internacional*
(Editora Pangea). Professor do Ensino Médio e de cursos pré-vestibulares.
Autor de livros didáticos e paradidáticos. Professor convidado junto
à Universidade da Maturidade (PUC-SP).

1ª edição
São Paulo, 2014

CB019432

MODERNA

5ª impressão

COORDENAÇÃO EDITORIAL: Lisabeth Bansi
ASSISTÊNCIA EDITORIAL: Patrícia Capano Sanchez
PREPARAÇÃO DE TEXTO: José Carlos de Castro
COORDENAÇÃO DE EDIÇÃO DE ARTE: Camila Fiorenza
DIAGRAMAÇÃO: Michele Figueredo
GRÁFICOS E ILUSTRAÇÕES: Will Silva
CAPA: Camila Fiorenza
FOTO DE CAPA: Svetolk/Shutterstock
CARTOGRAFIA: Anderson de Andrade Pimentel
COORDENAÇÃO DE REVISÃO: Elaine C. del Nero
REVISÃO: Nair Hitomi Kayo
COORDENAÇÃO DE *BUREAU*: Américo Jesus
PRÉ-IMPRESSÃO: Vitória Sousa
COORDENAÇÃO DE PRODUÇÃO INDUSTRIAL: Wilson Aparecido Troque
IMPRESSÃO E ACABAMENTO: PSP Digital
LOTE: 288385

Todos os esforços foram feitos no sentido de localizar os titulares dos direitos autorais do trecho do poema *Nos Campos de Flandres* (págs. 68 e 69), sem resultado. A editora reserva os direitos para o caso de comprovada a titularidade.

Dados Internacionais de Catalogação na Publicação (CIP)
(Câmara Brasileira do Livro, SP, Brasil)

Olic, Nelson Bacic
  Caleidoscópios geopolíticos : imagens de um mundo em mutação / Nelson Bacic Olic. —
São Paulo : Moderna, 2014.

  ISBN 978-85-16-09415-7
  1. Geopolítica 2. Geopolítica - Brasil
  3. Política mundial I. Título.

14-03380   CDD-320.12

Índices para catálogo sistemático:

1. Geopolítica   320.12

EDITORA MODERNA LTDA.
Rua Padre Adelino, 758 - Belenzinho
São Paulo - SP - Brasil - CEP 03303-904
Vendas e Atendimento: Tel. (011) 2790-1300
www.modernaliteratura.com.br
2020

Impresso no Brasil

Para Lara e Cecília,
netinhas queridas.

SUMÁRIO

Introdução

Parte 1 – Mundo geopolítico: visões panorâmicas

Civilizações: história, geografia e cultura 10

Os Estados Unidos no mundo contemporâneo 16

Rivalidades e cooperação na bacia do Reno 22

O turbulento golfo Pérsico 26

As ilhas da discórdia 28

Turquia: um país entre dois mundos 31

A saga dos curdos 34

Estados Unidos, potência demográfica 37

A gênese dos conflitos africanos 41

Japão: reviravoltas energéticas 44

O enigma coreano 48

Américas: o continente das desigualdades 52

Águas e fronteiras na Palestina 54

A persistência da pobreza no mundo 58

O novo papa e o mundo católico 61

A adesão da Croácia e o futuro da União Europeia 63

O Brics, os próximos 11 e o Mist 66

Uma flor de papoula na lapela 68

Stalingrado e seu "Círculo de Fogo" 70

Palestina: cartografia de um conflito sem fim 72

Especulação financeira e o custo dos alimentos 76

Imigrantes, intolerância e xenofobia na Europa 79

Parte 2 – Paradoxos ambientais

Darfur e os impactos das mudanças climáticas 86

Pobreza de água rima com subdesenvolvimento 89

Haiti: a radiografia de um terremoto 92

As "fábricas" de eletricidade 96

A geopolítica da dependência hídrica.. 100

Caminhos ecológicos da urbanização 104

A Rio+20 e seus impasses 108

As águas do Nilo inquietam o Egito 112

Um olhar sobre as grandes florestas 116

Aquecimento global acirra disputas no Ártico................................. 119

No Volga, pulsa o "coração" da Rússia 122

Os Estados Unidos e o aquecimento global: mudanças de rumo?....... 125

De vento em popa: a energia eólica avança no mundo 128

Parte 3 – "Coisas do Brasil"

O Brasil ultrapassa os 200 milhões... 132

A bacia Platina, o Brasil e a Argentina 136

Centro-Oeste do Brasil: velhos caminhos, novos rumos 140

A década de ouro do comércio exterior 149

A geografia dos *shopping centers* no Brasil... 152

Transição demográfica e Previdência Social 156

Novos rumos da África e os interesses do Brasil 160

Brasil: panorama do presente e caminhos para o futuro 164

Parte 4 – Caminhos do mundo

Retratos do Canadá Ocidental (junho de 2011) 170

Bogotá e os ecos distantes da violência colombiana
(maio de 2012) 173

Na Jordânia, o encontro da geografia com a história
(maio de 2013) 176

Percorrendo os cenários do "Dia D"
(junho de 1998, com adendos posteriores)..................................... 179

Bibliografia.. **182**

Introdução

Caleidoscópios geopolíticos: imagens de um mundo em mutação é uma seleção de 47 artigos produzidos pelo autor para várias publicações, especialmente para o jornal *Mundo – Geografia e Política Internacional*.

A escolha do termo caleidoscópios como primeira palavra do título do livro teve a intenção de, metaforicamente, relacionar esse "instrumento" com as mudanças constantes que ocorrem num mundo cada vez mais globalizado. Por definição, caleidoscópio é um instrumento constituído por um pequeno tubo, no fundo do qual há pedaços coloridos de vidro e três espelhos, dispostos de tal forma que, a qualquer movimento do tubo, formam-se diferentes imagens.

O mundo globalizado atual, até certo ponto, assemelha-se a um caleidoscópio, pois certos eventos que ocorrem (como se fossem o movimento do tubo do caleidoscópio) levam a novos rearranjos de caráter político, econômico, social, geopolítico ou cultural (como as diferentes imagens coloridas que surgem no tubo).

Os critérios que nortearam a seleção de textos presentes neste livro foram os da diversidade de temas – um grande número de regiões do mundo foram objeto de artigos – e da atualidade dos mesmos. Alguns dos artigos constantes foram reproduzidos porque mantiveram sua atualidade ou são atemporais. Outros tiveram que ser atualizados para que pudessem acompanhar as transformações verificadas entre a data em que foram produzidos e o momento atual.

O livro está dividido em quatro partes. A primeira, que tem como título "Mundo geopolítico: visões panorâmicas", aborda variados temas do cenário geopolítico internacional. A segunda, denominada "Paradoxos ambientais", tem como temática alguns dos grandes problemas ambientais do século XXI e suas repercussões. "Coisas do Brasil", a terceira parte, traz enfoques dos quais nosso país é o principal protagonista. A última parte, intitulada "Caminhos do mundo", trata de algumas experiências vividas pelo autor em viagens.

Na medida do possível, tentou-se contextualizar em cada um dos temas abordados as informações essenciais, para que o leitor, que desconhece ou que teve um contato superficial com algum deles, pudesse ter um melhor entendimento das transformações que afetam essa verdadeira "metamorfose ambulante", que é o mundo contemporâneo.

Vale a pena chamar a atenção para o fato de que quase todos os artigos vêm acompanhados de mapas, gráficos ou tabelas. Recomenda-se a observação atenta desses elementos gráficos que contribuem para a melhor compreensão dos temas abordados. Outro ponto que vale a pena ressaltar é que os artigos podem ser lidos sem a necessidade de seguir uma determinada sequência.

Devo este livro às experiências pedagógicas que partilhei com inúmeros professores, alunos e ex-alunos. De forma especial, agradeço a Demétrio Magnoli, José Arbex Jr., editores do jornal *Mundo*, e a Beatriz Canepa, com os quais dividi a autoria de vários livros, e também a todo o pessoal da Editora Moderna, por tudo que aprendi em quase três décadas de convivência.

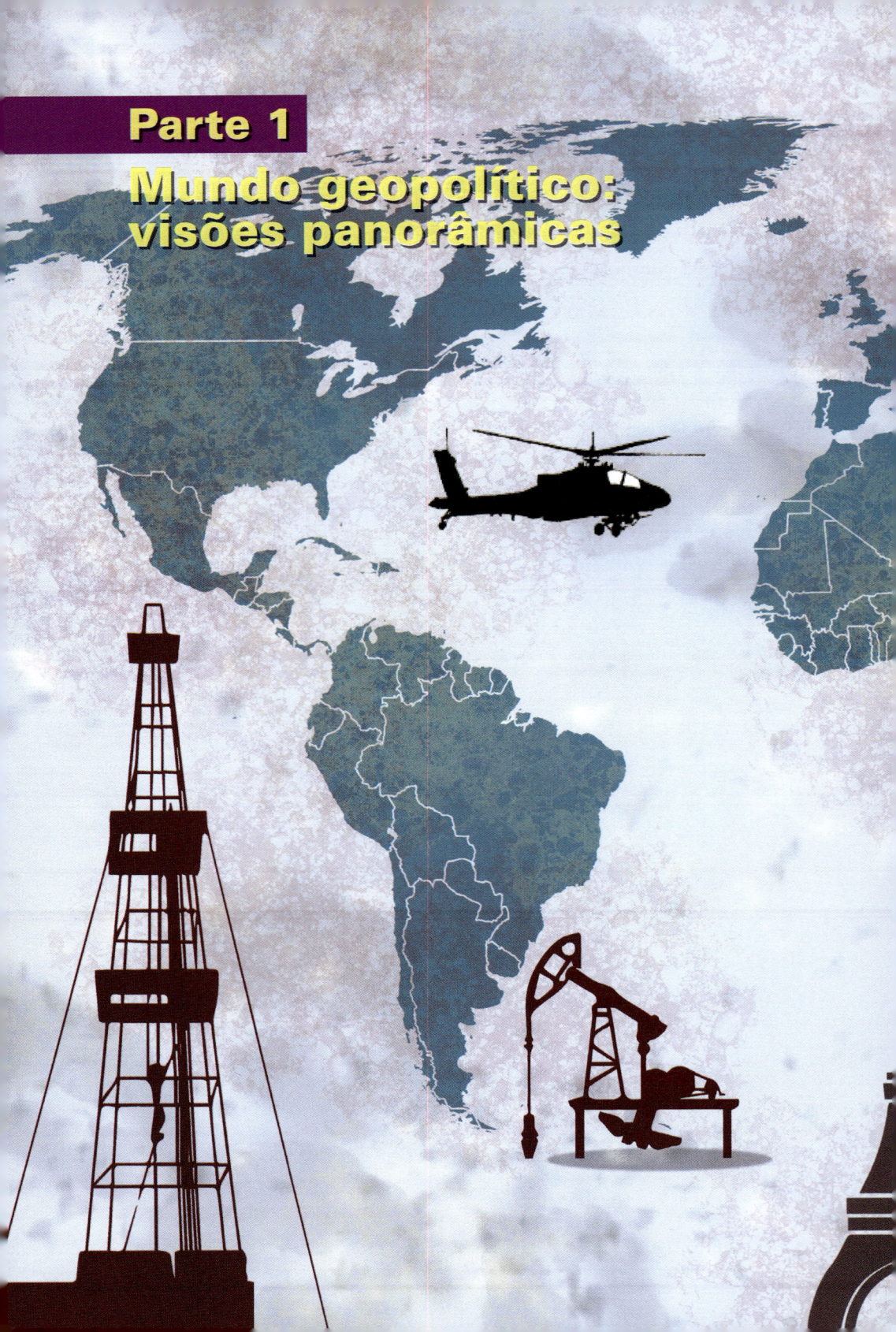

Parte 1

Mundo geopolítico: visões panorâmicas

Representação sem rigor cartográfico.

Civilizações: história, geografia e cultura

Na Europa, durante os séculos XVIII e XIX, o conceito de civilização era definido por oposição ao de barbárie. Consideravam--se "civilizadas" as sociedades que eram urbanizadas e alfabetizadas. Ser "civilizado", segundo esse preceito, era bom, e não o ser era ruim. Por esses padrões, grande parte dos povos da Europa e da América Anglo-Saxônica poderiam ser considerados "civilizados". No século XX, um novo pensamento, pelo qual se deixava de lado a ideia de que existia um único padrão de civilização, se desenvolveu, ganhando força a noção de que existiriam muitas civilizações, cada uma delas civilizada à sua maneira.

Desde a Antiguidade, sangue, língua, religião e estilo de vida, dentre outros fatores, distinguiam uma civilização de outra. Assim, uma civilização se diferencia de outra não só por suas características sociais, culturais e históricas, mas também pela identificação subjetiva das pessoas que julgam a ela pertencerem. A civilização à qual um determinado indivíduo pertence corresponde ao nível mais elevado e abstrato de identificação.

As civilizações não possuem fronteiras estáticas. Os povos que as compõem podem redefinir suas identidades e, com isso, alterar a composição e os limites das civilizações, tornando-as as mais duradouras associações humanas. Diferentemente dos impérios e dos Estados em geral, elas sobrevivem às convulsões políticas, sociais e econômicas e existirão por mais tempo se mantiverem certas ideias fundamentais, em torno das quais sucessivas gerações se identificam.

As civilizações não são entidades políticas, mas podem conter em seu interior diversas unidades políticas. Estas, ao longo da história, foram cidades-Estados, impérios, federações, confederações e Estados-nações, que existiram sob as mais variadas formas de governo. Enquanto uma civilização evolui, ocorrem transformações na quantidade e na natureza das entidades políticas que a compõem.

A maioria das civilizações atuais é composta por mais de uma entidade política. Algumas delas possuem um Estado-núcleo ou líder, como é o caso da China para a civilização chinesa e da Índia para a civilização hindu. A chamada civilização ocidental sempre abrigou um grande número de entidades políticas, mas um pequeno número de Estados-núcleos, cuja influência variou ao longo do tempo.

Durante o seu apogeu, entre os séculos XV e XVII, o Império Otomano poderia ser considerado um Estado-núcleo da civilização islâmica. Com sua posterior decadência e desaparecimento, no início do século XX, não houve mais um Estado-núcleo dessa civilização.

Como as civilizações têm uma espécie de "ciclo de vida", muitas delas desapareceram ao longo do tempo, mas deixaram inúmeros vestígios de sua existência, cujo impacto e ecos culturais sobrevivem até nossos dias. Por exemplo, não há nenhuma dúvida a respeito da importância das civilizações grega e romana para a atual civilização ocidental.

Especialistas em estudos sobre civilizações possuem opiniões bastante diferentes quanto ao número de civilizações que já existiram. Num aspecto, porém, todos concordam: existiram importantes civilizações ao longo do tempo que se localizaram em todos os continentes e envolveram as mais diferentes etnias. Isso elimina qualquer dúvida sobre o fato de que ser "civilizado" não é privilégio de um único grupo humano, cultura ou religião. Nem permite imaginar que esse agrupamento tenha alcançado um determinado estágio de evolução civilizacional por se localizar numa região específica da superfície terrestre.

Quanto ao número de civilizações existentes na atualidade, embora não haja concordância entre os estudiosos sobre o assunto, pode-se aceitar a existência de oito principais civilizações: a ocidental, a islâmica, a chinesa, a hindu, a ortodoxa, a latino-americana, a japonesa e a africana. Talvez se possa acrescentar ainda a civilização budista.

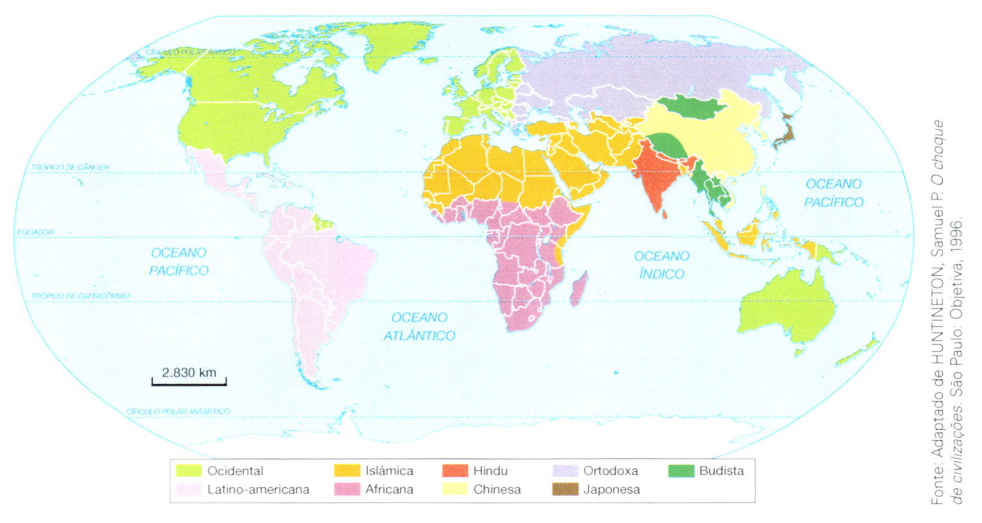

Fonte: Adaptado de HUNTINGTON, Samuel P. *O choque de civilizações*. São Paulo: Objetiva, 1996.

As principais civilizações atuais.

Civilização islâmica: uma radiografia

A área abrangida pela civilização islâmica, muçulmana ou maometana corresponde a todos os países do Oriente Médio (à exceção de Israel) e da África do Norte, e a parcelas significativas de populações do subcontinente indiano, da Ásia Central (inclusive o noroeste da China) e do Sudeste Asiático (Indonésia e Malásia, principalmente). Além disso, a sua influência se projeta até alguns espaços da África Subsaariana e do sudeste da Europa. Contudo, as suas áreas nucleares correspondem ao Oriente Médio e à África do Norte. Atualmente, 62 países – todos pertencentes à Organização da Conferência Islâmica – são reconhecidos como componentes dessa civilização.

O elemento central dessa civilização é a religião islâmica, que, inclusive, identifica a própria entidade cultural. Apesar de a civilização muçulmana ter se originado no mundo árabe, ela se estende muito além dos seus limites. Fundado no século VII por Maomé, em territórios da península Arábica (que atualmente correspondem a terras da Arábia Saudita, onde estão as cidades santas de Meca e Medina), o islamismo se expandiu rapidamente num processo de conquista e domínio de outros povos.

A concepção do islamismo como uma comunidade religiosa

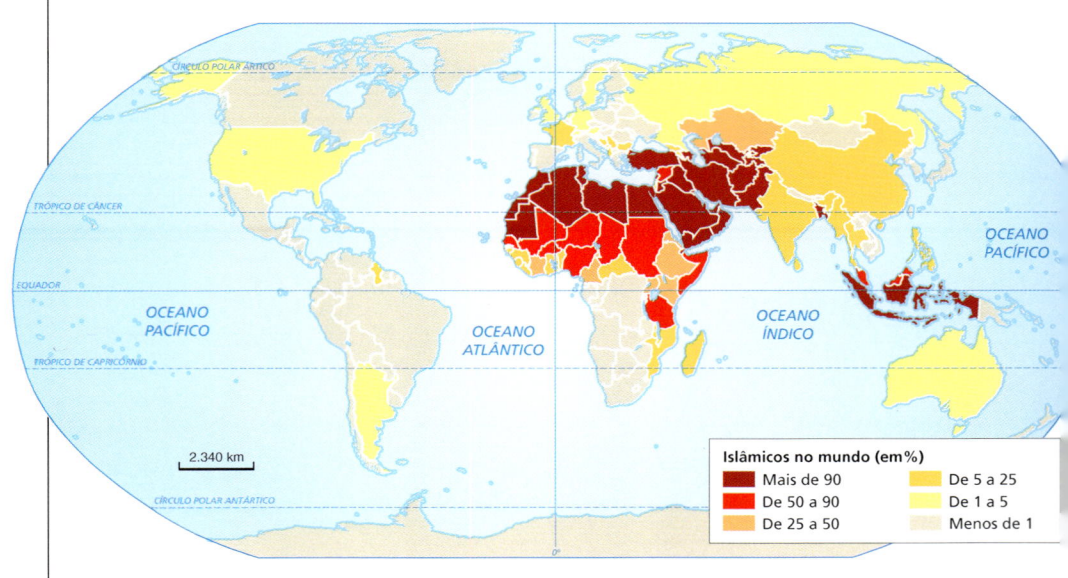

Islâmicos no mundo (em%)

- Mais de 90
- De 50 a 90
- De 25 a 50
- De 5 a 25
- De 1 a 5
- Menos de 1

2.340 km

O mundo islâmico e os islâmicos do mundo.

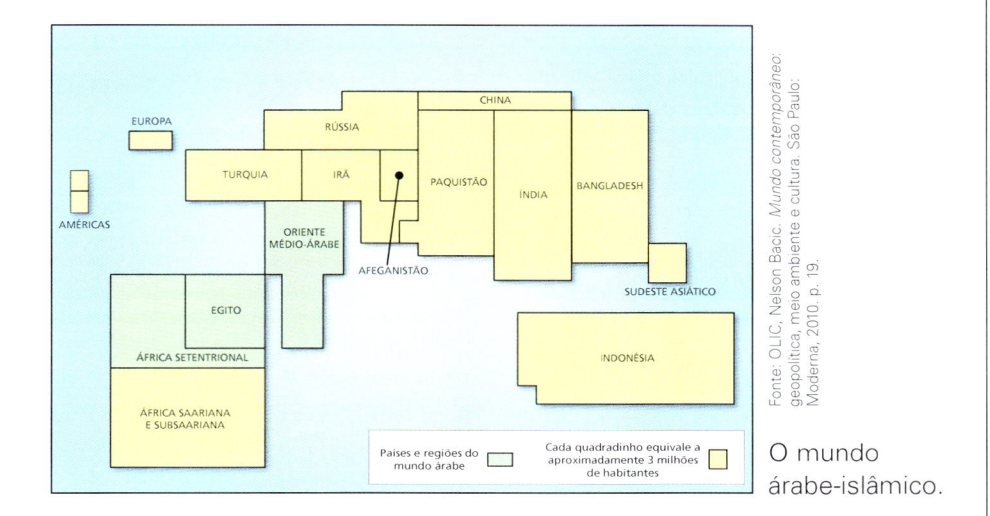

Fonte: OLIC, Nelson Bacic. *Mundo contemporâneo:* geopolítica, meio ambiente e cultura. São Paulo: Moderna, 2010. p. 19.

O mundo árabe-islâmico.

e política fez com que, no passado, os Estados-núcleos tivessem surgido apenas quando a liderança política e a religiosa se combinavam numa só instituição governante. A conquista árabe do Oriente Médio e da África do Norte, no século VII, se deu com a formação do califado Omíada; Europa no século seguinte, com o califado Abássida e com califados secundários (Cairo e Córdoba), no século X.

Cerca de quatro séculos mais tarde, os otomanos – depois de terem conquistado amplas áreas do Oriente Médio e de tomarem Constantinopla em 1453 – estabeleceram um novo califado. O domínio de áreas extensas do mundo muçulmano, inclusive aquelas de origem na religião, qualificou o Império Otomano como o Estado-núcleo do Islã.

A expansão da civilização ocidental europeia, especialmente a partir do século XVI, foi erodindo lentamente as bases de sustentação otomana. Mais tarde, já no início do século XX, quando a República da Turquia veio a substituir o desintegrado Império Otomano, o Islã deixou de ter um Estado-núcleo.

No Oriente Médio, os territórios perdidos pelos otomanos, em função dos acordos implementados ao final da Primeira Guerra Mundial (1914-1918), foram divididos e passaram a integrar os domínios coloniais da Grã-Bretanha e da França. As fronteiras artificiais criadas pelas potências europeias vencedoras do conflito geraram, nas décadas posteriores, Estados frágeis, idealizados segundo modelos ocidentais, estranhos às tradições islâmicas. Essa circunstância contribuiu para que nenhum país tivesse poder ou legitimidade cultural ou religiosa para assumir o papel de Estado-núcleo da civilização islâmica.

Nas últimas décadas, alguns Estados islâmicos têm tentado se apresentar como eventuais líderes desse grupo, que atualmente congrega cerca de um terço dos países do mundo. Os países que têm se "candidatado" para desempenhar esse papel são o Egito, o Paquistão, a Arábia Saudita, o Irã e a Turquia. Todavia, nenhum deles, pelo menos até agora, reuniu as condições geopolíticas para exercer essa liderança.

O Egito tem a seu favor o fato de ser árabe, possuir expressiva população, localizar-se nas proximidades do berço do islamismo e ocupar posição geográfica estratégica, constituindo área de contato entre a África do Norte e o Oriente Médio e controlando o canal de Suez. Contudo, pesam contra ele a pobreza, as grandes desigualdades sociais e a dependência econômica e militar, tanto em relação aos países árabes ricos em petróleo quanto ao Ocidente. Os Estados Unidos consideram o Egito um de seus aliados mais importantes e confiáveis no mundo árabe-muçulmano, e, por isso, o regime egípcio é olhado com desconfiança tanto por setores de sua própria sociedade quanto por vários países islâmicos.

O Paquistão apresenta, como condições favoráveis, um expressivo contingente populacional e o fato de seus dirigentes terem sistematicamente reivindicado o papel de promotores da cooperação entre os Estados islâmicos. Todavia, assim como o Egito, é um país ainda muito pobre, com graves divisões étnicas internas e uma rivalidade permanente com a Índia, que o leva a desenvolver relações especiais com potências não muçulmanas, como os Estados Unidos e a China.

A Arábia Saudita, espaço de origem da religião islâmica, detém as maiores reservas petrolíferas mundiais. Além disso, a ação internacional do regime saudita – apoiando causas muçulmanas tão díspares, como o fornecimento de ajuda para a construção de mesquitas, a implementação de escolas religiosas na África Subsaariana e o financiamento de grupos extremistas islâmicos – conferiu certo prestígio a esse reino quase feudal do golfo Pérsico. Entretanto, a sua pequena população e a sua vulnerabilidade geográfica fazem com que dependa do Ocidente, especialmente dos Estados Unidos, para sua segurança contra os inimigos internos (a minoria xiita) e os externos – Iraque e Irã, dois países de maioria xiita.

O Irã apresenta significativa população e extensão territorial,

importantes tradições histórico-
-culturais e viabilidade econômica, em função de suas vastas
reservas de petróleo e gás. Mas
a população iraniana não é árabe, e sim persa, além de majoritariamente xiita, enquanto a
maior parte dos muçulmanos do
mundo é sunita. Depois que os
fundamentalistas islâmicos chegaram ao poder no Irã, em 1979,
as exortações radicais de seu
clero, no sentido de expandir a
revolução religiosa, assustaram
e geraram desconfiança entre os
regimes políticos da maioria dos
países muçulmanos.

Finalmente, reivindicando a
liderança do mundo muçulmano,
está a Turquia, herdeira do antigo Império Otomano e que foi o
Estado-núcleo da civilização islâmica durante séculos. Além disso, tem a seu favor o fato de ser
o único Estado a manter amplos
vínculos com muçulmanos dos
Bálcãs (Bósnia, Albânia, Bulgária), do Oriente Médio, da África
do Norte e das antigas repúblicas
soviéticas da Ásia Central, como
o Turcomenistão. Mas ela tem
contra si a profunda cooperação
político-militar com o Ocidente,
participando há mais de quaren-
ta anos da Otan (Organização do
Tratado do Atlântico Norte) e al-
mejando, há décadas, fazer parte
da União Europeia. Uma hipo-
tética liderança da República da
Turquia tem contra si, ainda, as
suas opções políticas originais do
Estado: no final da Primeira Guerra Mundial, quando foi criada em
substituição ao Império Otomano que acabara de se desintegrar,
o líder dessa transição, Mustafá
Kemal Ataturk, conferiu caráter
secular ao novo Estado, separando nitidamente o poder político do
poder religioso.

Apesar de tudo, e indepen-
dentemente do país que venha a
liderar o mundo islâmico, ou da
ausência perene de um Estado-
-núcleo, a civilização islâmica
tem se constituído num desafio
permanente à hegemonia da civilização ocidental.

Os Estados Unidos no mundo contemporâneo

Não há dúvida que os Estados Unidos representam hoje a maior potência econômica, financeira, militar, tecnológica e cultural do planeta. Talvez, em nenhuma outra época da história da humanidade um país tenha tido tanto poder quanto o que a nação norte-americana usufrui atualmente.

Os Estados Unidos se constituem na atualidade como a única nação do mundo capaz de atuar em qualquer parte do planeta de forma direta (com o uso de tropas) ou indireta (usando de pressões econômicas ou diplomáticas), onde seus interesses econômicos ou estratégicos estiverem porventura sendo ameaçados. As recentes intervenções no Afeganistão e Iraque ilustram o primeiro tipo de atuação. As pressões sobre Cuba, Coreia do Norte e Irã exemplificam o segundo caso.

Todavia, esse domínio global dos Estados Unidos é fruto de uma evolução geopolítica peculiar. Assim, há cerca de 100 anos, os Estados Unidos se constituíam apenas numa potência emergente num mundo politicamente multipolar, onde as principais potências (Grã-Bretanha, França, Alemanha, Império Russo) situavam-se na Europa. Fora do continente europeu havia, além dos Estados Unidos, outra potência emergente, o Japão. Nesse período, embora com crescente importância, os Estados Unidos tinham o papel de coadjuvantes no cenário político internacional.

As duas guerras mundiais ocorridas no século XX abalaram os alicerces da dominação europeia. Ao término da Segunda Guerra Mundial (1939-1945), o mundo que emergiu dos escombros do conflito era nitidamente bipolar, tendo como um dos polos a União Soviética e o outro os Estados Unidos. Começava o período das relações internacionais conhecido como Guerra Fria. Mesmo nesse mundo bipolar, em quase todos os quesitos de análise (excetuando-se alguns aspectos militares e da corrida espacial), a posição dos Estados Unidos era superior ao da União Soviética.

Com a queda do Muro de Berlim (1989) e a desintegração da União Soviética (1991), os norte-americanos chegaram à posição de liderança que hoje desfrutam. Ao longo da década de 1990, essa liderança pôde ser percebida na atuação dos Estados Unidos em importantes eventos políticos, como os que ocorreram na Somália (1992), nas tentativas de solução da Questão Palestina (acordos de Oslo de 1993 e 1995), na derrubada da ditadura do Haiti (1994), nos acordos que puseram fim à guerra na Bósnia (1995) e na crise em Kosovo (1999).

Quando se faziam especulações sobre qual país, no futuro, poderia desafiar a hegemonia norte-americana, a resposta quase unânime recaía sobre a China, considerada por muitos como a potência emergente do século XXI. Todavia, a partir de 11 de setembro de 2001, o desafio à hegemonia norte-americana veio de uma organização fundamentalista islâmica, a Al-Qaeda de Osama bin Laden.

O ataque aos Estados Unidos abriu um novo período nas relações internacionais. Em resposta à ação dos extremistas, o governo norte-americano declarou a chamada guerra ao terror, alertando que essa luta seria longa e dura. Em seguida, o governo norte--americano delineou sua estratégia inicial de combate, composta por três objetivos: capturar o líder da Al-Qaeda; destruir essa organização; e derrubar o regime do talibã no Afeganistão, que dava guarida ao grupo extremista de Osama bin Laden.

No início de 2002, a administração norte-americana definiu mais claramente a chamada doutrina preventiva ou Doutrina Bush. Nela definia-se o "direito" unilateral dos Estados Unidos de atacarem qualquer país que representasse perigo à sua segurança, quer porque desse apoio a grupos extremistas antinorte-americanos, quer porque produzisse armas de destruição em massa que pudessem ser repassadas para grupos extremistas.

Nesse mesmo momento, o governo dos Estados Unidos definiu três países que poderiam ser alvo da doutrina preventiva: Iraque, Irã e Coreia do Norte, denominados de países do "eixo do terror". A administração norte-americana definiu o Iraque como o primeiro alvo da guerra ao terror.

A "guerra estúpida"

A invasão do Iraque em março de 2003, sem o aval da ONU (Organização das Nações Unidas), foi um fato de crucial importância na definição da política internacional no início do século XXI.

A operação militar de Washington deve ser compreendida no contexto gerado pelos atentados terroristas da Al-Qaeda contra as torres gêmeas e o Pentágono, em setembro de 2001. O termo "guerra estúpida" foi utilizado pelo presidente Barack Obama para definir o conflito iniciado por George W. Bush, presidente que o antecedeu.

As razões alegadas pelo presidente Bush para o ataque ao Ira-

Mundo geopolítico: visões panorâmicas

que partiam da suposição de que o regime iraquiano teria em seu poder armas de destruição em massa, cuja tecnologia poderia ser repassada a terroristas inimigos dos Estados Unidos. Nessa linha, Washington também afirmava, contra o diagnóstico geral dos especialistas, que o Iraque mantinha ligações com grupos extremistas islâmicos. O tempo demonstrou a falácia das duas alegações.

Por trás das justificativas oficiais, estavam outros interesses, como a garantia de acesso às reservas de petróleo iraquiano, que estão entre as maiores do mundo, e a criação de um regime aliado para conter a influência crescente do Irã no Oriente Médio. Mais ainda, tratava-se de exercer uma influência direta no golfo Pérsico, no contexto de crescente instabilidade interna na Arábia Saudita.

O conflito teve início em março de 2003, quando as forças dos Estados Unidos, apoiadas por contingentes britânicos, invadiram o território iraquiano. Como já mencionado, a ofensiva não tinha o aval das Nações Unidas e realizava-se em meio a críticas generalizadas da comunidade internacional. A maior parte do efetivo militar, cerca de 150 mil soldados, partiu do sul, através da fronteira com o Kuwait, rumo a Bagdá, capital e centro político do regime iraquiano.

Colunas de blindados avançaram celeremente para Bagdá, sem encontrar resistência significativa, até ocupar a cidade e derrubar o regime. A rápida vitória foi facilitada pelo total domínio aéreo, pela condição quase plana do relevo da região e, também, pelas novas tecnologias bélicas empregadas, que se adaptaram bem aos climas semiárido e desértico dominantes no país. Só uma forte tempestade de areia atrasou, por algumas horas, o avanço dos invasores. No início de maio, os Estados Unidos declararam encerradas as principais operações de combate no país e nomearam uma administração provisória que aboliu todas as instituições do antigo regime. A invasão foi fácil, mas a ocupação transformou-se em longo pesadelo.

O Iraque é uma entidade política criada artificialmente pelos britânicos em 1920, quando foram acopladas, num mesmo território, três antigas províncias otomanas: Mossul no norte, Bagdá no centro, e Basra no sul. O país que surgiu da prancheta britânica era uma colcha de retalhos, reunindo grupos étnicos e históricos distintos, com longo passado de rivalidades. Atualmente, no Iraque, cerca de 60% da população é formada por árabes xiitas, 20% são árabes sunitas e quase 20% são curdos. O norte é majoritariamente curdo, o sul é xiita e o centro-oeste é dominantemente sunita.

Fonte: SELLIER, André; SELLIER, Jean. *Atlas des peuples d'Orient*. Paris: La Découverte, p. 73.

Áreas de povoamento

Dominantemente xiita	Países árabes
Dominantemente sunita	Países não árabes
Dominantemente curdo	△ Triângulo sunita
Misto	

Iraque: grupos etnorreligiosos.

Após a rápida vitória, as forças ocupantes tiveram que enfrentar a realidade política de um país dividido pelos interesses conflitantes dos três grandes grupos etnorreligiosos. Desde a criação do país, o poder estava concentrado nas mãos dos sunitas. A ditadura clânica de Saddam Hussein cristalizava essa tradição, excluindo os xiitas e os curdos dos postos mais altos da burocracia pública, das forças armadas e dos serviços de inteligência. A desmontagem do antigo aparato estatal pelas forças ocupantes, com o banimento do Partido Baath, núcleo do antigo regime, destruiu a ordem política tradicional. Seguiu-se uma escalada de violência que fugiu ao controle das forças de ocupação.

Sob o patrocínio de Washington, elegeu-se uma Assembleia Nacional Provisória, de maioria xiita e expressiva representação curda. Os sunitas boicotaram o pleito, afastando-se do processo político e optando por uma insurgência que se voltaria contra as forças norte-americanas e os xiitas. Uma nova Constituição, referendada pelo voto popular em outubro de 2005, desagradou profundamente as lideranças sunitas. Na sequência, os iraquianos foram às urnas e escolheram o parlamento e um governo definitivo. Uma coalizão de partidos xiitas obteve maioria, formou o governo e nomeou o xiita Nouri al-Maliki para primeiro-ministro e um curdo para a presidência do país.

As milícias sunitas, atuantes por todo o território, organizavam correntes ainda leais ao antigo regime e grupos de jihadistas estrangeiros, associados à Al-Qaeda. Entre 2006 e 2007, alastraram-se os conflitos sectários entre sunitas e xiitas, que geraram cerca de 4,4 milhões de refugiados, tanto internos como para países vizinhos, especialmente Síria e Jordânia. Naqueles dois anos terríveis, o número de vítimas iraquianas

Fonte: Departamento de Defesa dos EUA e Iraq Body Count.

fatais ultrapassou a marca de 50 mil. Entre 2003 e 2011, o total de vítimas iraquianas chegou a quase 110 mil. Ao longo de todo o conflito, 1,5 milhão de militares americanos passaram pelo Iraque e cerca de 4,5 mil deles morreram em combate.

O desgaste político gerado pelo conflito acirrou, na sociedade norte-americana, o debate sobre a validade da presença militar no Iraque. A crise econômica que eclodiu em 2008 inviabilizou, politicamente, a continuidade da aventura militar. Barack Obama, então candidato democrata à presidência, classificou, uma vez mais, a invasão do Iraque como a "guerra estúpida", distinguindo--a da "guerra necessária" no Afe-

ganistão. Um esboço de plano de retirada foi rascunhado ainda no governo Bush, prevendo um cronograma de desocupação até o horizonte de 2011, fato que acabou realmente ocorrendo.

O saldo da "guerra estúpida" não poderia ser pior. Os desmandos cometidos por soldados norte--americanos contra prisioneiros iraquianos, além do enorme número de vítimas civis, macularam a imagem internacional dos Estados Unidos, especialmente no mundo árabe-muçulmano. A guerra produziu atritos com aliados tradicionais e dividiu a sociedade norte-americana. A aventura militar atraiu para o Iraque grupos extremistas islâmicos – num país onde até então eles não atuavam –, abrindo uma nova frente na "guerra ao terror", e desviou soldados e recursos do teatro de guerra do Afeganistão.

O Iraque que emergiu da ocupação não é um país pacificado. A luta fratricida entre xiitas e sunitas pode ser visualizada pelos atentados quase diários que ocorrem no país. Além disso, o Iraque tem sido o palco de uma disputa de poder regional entre o Irã e a Turquia. Ironicamente, o governo xiita iraquiano, formado à sombra das forças norte-americanas de ocupação, inclina-se na direção do Irã. Por sua vez, a região autônoma curda no norte iraquiano pende na direção da Turquia, que ensaia um acordo de paz com o movimento separatista curdo, atuante na porção meridional da própria Turquia.

O encerramento da "guerra estúpida", o gradativo desengajamento norte-americano no Afeganistão, o enfraquecimento dos Estados árabes por conta das revoltas populares da "primavera árabe", e também a aproximação com o Irã parecem confirmar a estratégia de Washington denominado "giro estratégico" em direção à Ásia, que tem como objetivo maior isolar a China, o principal rival estratégico dos Estados Unidos.

Fazem parte também da estratégia global do país para os próximos anos as parcerias propostas pelo governo norte-americano com países asiáticos (a parceria transpacífica) e com a União Europeia (parceria transatlântica), que têm como pano de fundo a aparente recuperação da crise econômica iniciada em 2008, da qual os Estados Unidos foram o epicentro.

Por fim, deve-se ressaltar a verdadeira revolução energética pela qual os EUA vêm passando, decorrente da exploração do gás de xisto (*shale gas*). Esse fator sugere uma importância cada vez menor do Oriente Médio em relação aos interesses econômicos e geopolíticos dessa região do mundo.

Rivalidades e cooperação na bacia do Reno

Com quase 1.300 quilômetros de comprimento, desde suas nascentes na região dos alpes suíços até o litoral holandês junto ao mar do Norte, o Reno está longe de figurar entre os maiores rios do mundo em extensão. No entanto, por atravessar áreas intensamente urbanizadas e industrializadas da Suíça, Alemanha, França e Holanda, o Reno desempenha funções econômicas fundamentais e deve ser classificado como o mais importante eixo fluvial do continente europeu.

Seguindo um sentido geral sul-norte, o Reno marca a fronteira entre Suíça e Alemanha e, mais a jusante, entre o território alemão e a França. Depois de adentrar o território holandês, deságua no mar do Norte, junto à cidade de Roterdã. Essa cidade, que foi, até recentemente, o porto de maior movimento do mundo, deve sua capacidade de polarização à sua situação geográfica, junto à foz do Reno.

Além da localização singular, Roterdã chegou à condição de que desfruta atualmente por conta de outros fatores. O primeiro está ligado ao processo de industrialização e urbanização, que valorizou as regiões drenadas pelo Reno e outras próximas, banhadas pelo mar do Norte, ainda nos primórdios da Revolução Industrial, no final do século XVIII. Na bacia renana, entre tantas aglomerações industriais, destaca-se o vale de um de seus afluentes da margem direita, o rio Ruhr.

Região do vale do Ruhr

⊙ Capitais

----- Antiga fronteira entre as Alemanhas

A região do vale do Reno.

Reviravoltas no vale do Ruhr

Situado à margem direita do Reno, em seu médio-baixo vale, o rio Ruhr banha exclusivamente o território da Alemanha. Espraiando-se pelo vale desse pequeno rio está a mais importante aglomeração urbano-industrial da Alemanha e da Europa, que abriga uma população de aproximadamente 5,5 milhões de pessoas. Forma uma enorme conturbação de cidades onde se destacam Essen, Dortmund, Duisburg e Bochum.

Centro das maiores indústrias pesadas da Europa, a região do Ruhr cresceu originalmente por seus vastos recursos em carvão. Por cerca de 150 anos, a partir de meados do século XIX, sua economia se caracterizou pelo desenvolvimento de indústrias de carvão, aço, química, produção de energia, dentre outras.

Por volta dos anos 1970, momento em que o petróleo, o gás natural e o carvão importados, com custos menores que a produção local, "invadiram" o mercado alemão e o aço passou a ser produzido no exterior com preços mais competitivos, a região entrou em declínio. Aliou-se a isso a questão da reunificação alemã (1990), que abriu um novo eixo econômico para o leste, isto é, em direção ao antigo território da Alemanha Oriental.

Esse conjunto de fatos resultou no fechamento de fábricas, aumento do desemprego, privando as populações do Ruhr de uma parte da identidade que marcara sua cultura por tanto tempo. A solução encontrada pelo governo para conter a degradação da região foi a de estimular projetos de revitalização. Iniciado em 1998, esses projetos tiveram como objetivo a reutilização dos complexos industriais abandonados, transformando-os em espaços culturais, e, as áreas livres, em locais para exibições artísticas e usos turísticos e de lazer.

Essa ideia, que começa a ser imitada por outras áreas com situações similares, tem como objetivo criar parques culturais em regiões industrializadas decadentes da Europa. Em 2010, a região do Ruhr passou a ser considerada uma das capitais europeias da cultura.

O segundo fator decisivo para Roterdã foi a contínua realização de obras em praticamente toda a extensão do vale renano e de seus afluentes, tornando grande parte da bacia hidrográfica facilmente navegável. Juntamente às constantes melhorias técnicas introduzidas em suas condições portuárias, estabeleceram-se também conecções da hidrovia com ferrovias e rodovias. Num raio de 500 quilômetros de Roterdã, encontram-se alguns dos mais importantes centros industrias da Holanda, Bélgica, Luxemburgo, Alemanha, França, Grã-Bretanha e Suíça. Em nenhuma outra parte do mundo estão concentradas tantas pessoas – cerca de 200 milhões – num espaço tão restrito e com tamanho poder aquisitivo.

Desde os tempos longínquos do domínio romano, o vale do Reno se constituiu em região de disputas territoriais que determinaram fronteiras, intensamente contestadas nos séculos seguintes. Durante cerca de 400 anos, o rio demarcou o limite entre os domínios romanos e os das tribos germânicas. A longa presença de Roma junto à margem esquerda do Reno ensejou que aí se implantassem fortificações que, gradativamente, se transformaram em destacadas cidades, como Colônia (Alemanha), Estrasburgo (França) e Basileia (Suíça).

Durante a Idade Média, praticamente todo o vale do Reno esteve sob o domínio germânico, o que contribuiu para definir a situação geopolítica atual do vale renano, em grande parte localizado no interior do território alemão. Contudo, em 1648, ao final da Guerra dos Trinta Anos, a França conquistou posições junto à margem esquerda do Reno, desencadeando disputas territoriais que se arrastaram até meados do século XX.

A posse francesa da Alsácia-Lorena foi a razão principal da Guerra Franco-Prussiana (1870) e uma das causas para o desencadeamento das duas guerras mundiais do século XX (1914-1918 e 1939-1945). No intervalo entre 1871 e 1919, a reivindicação de recuperação da Alsácia-Lorena inflamou o revanchismo francês. No entreguerras, especialmente na década de 1930, a questão se converteu em bandeira do nacionalismo nazista. Ocupada por Hitler no início da Segunda Guerra Mundial, a Alsácia-Lorena voltou ao domínio da França com a derrota dos nazistas, em 1945.

O Reno ocupa lugar especial na história e no imaginário da sociedade alemã. Numa das mais célebres óperas de Richard Wagner, um dos ícones da música clássica alemã e compositor preferido de Hitler, um anel mágico de ouro encontrado no Reno, o anel dos

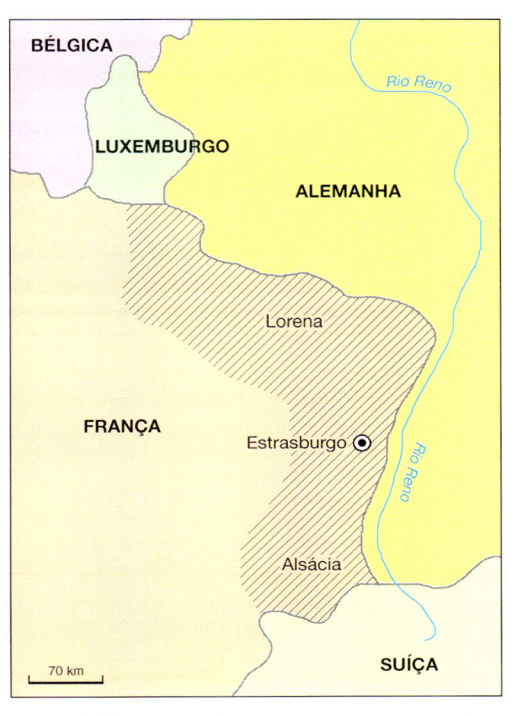

O Reno e a fronteira franco-alemã.

pação alemã na Segunda Guerra Mundial e, mais tarde, presidente da França, talvez tenha sido quem melhor sintetizou o significado geopolítico do Reno para os franceses. Segundo ele, o rio seria, ao mesmo tempo, "barreira, fronteira e linha de combate".

A criação da comunidade de nações, depois da Segunda Guerra Mundial, que se tornaria a atual União Europeia, começou com o estabelecimento da Comunidade Europeia do Carvão e do Aço (Ceca), destinada a reunir as riquezas siderúrgicas concentradas no eixo do Reno. O projeto da unidade europeia, articulado em torno do eixo franco-germânico, nasceu para apagar as rivalidades simbolizadas pela "barreira, fronteira e linha de combate". Exatamente por isso, a cidade de Estrasburgo, encravada na margem esquerda do Reno, na Alsácia-Lorena, foi escolhida como sede do Parlamento Europeu.

nibelungos, conferia a seu possuidor o poder sobre o mundo. O general Charles De Gaulle, líder da resistência francesa contra a ocu-

O turbulento golfo Pérsico

O golfo Pérsico é um braço de mar quase fechado que se estende desde o estuário do Chat el Arab, canal fluvial resultante da junção dos rios Tigre e Eufrates, até o estreito de Ormuz, onde as águas do golfo se conectam com as do oceano Índico. Situado num dos pontos nevrálgicos da região do Oriente Médio, as águas do golfo Pérsico banham os territórios de oito países: Irã, Iraque, Kuwait, Arábia Saudita, Barein, Catar, Emirados Árabes Unidos e Omã.

Durante muito tempo foi uma área pobre, árida e despovoada, cujas margens eram frequentadas por traficantes. Todavia, ao longo do século XX, a região passou a ter grande importância estratégica, pois nos territórios continentais e em espaços marítimos sob controle dos Estados ribeirinhos se concentram cerca de 30% da produção mundial de petróleo e 10% da de gás natural. Ali estão aproximadamente 60% das reservas do "ouro negro" e 40% das de gás.

As porções norte e leste do golfo são ocupadas por um único Estado, o Irã, e o restante da orla marítima é ocupado pelos demais países. Culturalmente, a região do golfo é também uma área de contato entre as civilizações persa – representada pelo Irã – e árabe, que engloba os demais países.

No século XIX, a Grã-Bretanha, aproveitando-se da decadência do Império Otomano e tentando conter o avanço da influência do Império Russo sobre a Pérsia, fez acordos com diversos líderes árabes na margem ocidental do golfo.

Algumas décadas depois, essa estratégia resultou numa grande fragmentação política da área onde hoje se encontram o Kuwait, o Catar, o Barein, o Sultanato de Omã, os sete

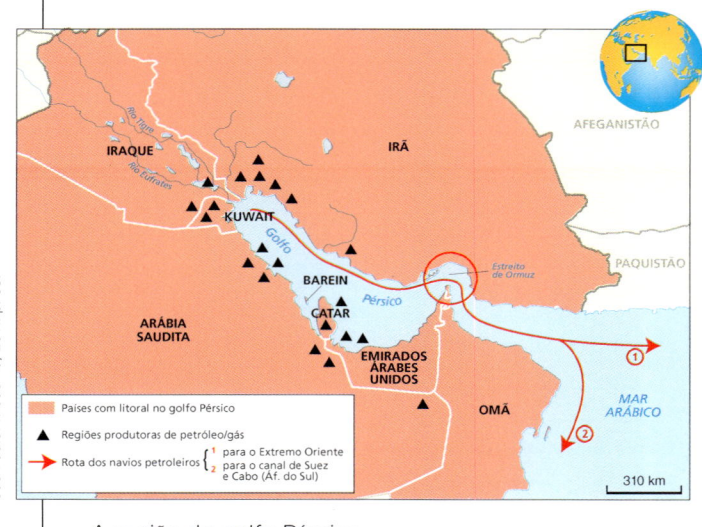

A região do golfo Pérsico.

Fonte: OLIC, Nelson Bacic. *Geopolítica dos oceanos, mares e rios*. São Paulo: Moderna, 2011. p. 66.

emirados que formam os Emirados Árabes Unidos e a Arábia Saudita. Assim como ocorreu no Iraque, também uma entidade política "inventada" pelos britânicos, as fronteiras estabelecidas se mostraram praticamente tão arbitrárias e artificiais quanto as africanas.

Atualmente, os países do golfo apresentam grandes discrepâncias no que se refere à extensão, população e economia. O de maior superfície é a Arábia Saudita, com pouco mais de 2 milhões de km^2, enquanto o Barein tem uma área de 700 km^2. O mais populoso dos países é o Irã, com cerca de 75 milhões de habitantes, e no outro extremo está o Barein, com pouco mais de 800 mil. A maior ou menor presença e exploração de petróleo e gás mostram também as grandes disparidades econômicas. Por exemplo, a Arábia Saudita possui um PIB cerca de dez vezes maior que o do Barein.

A imensa maioria da população de todos os países do golfo professa o islamismo, mas apresenta algumas variações com relação aos "ritos" religiosos que segue. No Irã e no Iraque, a maioria da população segue o islamismo xiita, só que no primeiro a proporção de xiitas é de cerca de 90% da população, enquanto que os xiitas iraquianos representam aproximadamente 60% do efetivo demográfico do país. Nos demais países da região, a maioria da população segue o rito sunita, com eventuais minorias xiitas. A convivência entre sunitas e xiitas, especialmente no Iraque, tem sido quase sempre conflituosa.

Por conta dessa ampla diversidade, a região do golfo apresenta inúmeras questões geopolíticas. Algumas delas são de caráter religioso e étnico, como as que envolvem o Irã persa e xiita e os países árabes vizinhos, dominantemente sunitas. Há também as diferenças relacionadas aos regimes adotados. Todos os países são monarquias, à exceção do Iraque e do Irã, que são repúblicas. Todavia, a república parlamentarista iraquiana foi imposta pelos Estados Unidos após suas forças terem invadido o Iraque em 2003. Já o regime do Irã, que foi monárquico até a revolução de 1979, é classificado atualmente como uma república teocrática, onde as principais decisões são tomadas por um colegiado de religiosos.

Mas, sem dúvida, a riqueza excepcional do subsolo dos países da região é a principal causa das instabilidades políticas regionais, cujas repercussões se manifestam também em escala mundial. Assim, nas últimas décadas, a região do golfo assistiu a três grandes conflitos: a Guerra Irã-Iraque (1980-1988), a Guerra do Golfo (1990-1991) e, em 2003, a invasão do Iraque desencadeada pelas forças norte-americanas.

As ilhas da discórdia

Há alguns anos, um comunicado da embaixada da Coreia do Sul no Brasil pedia que os mapas identificassem o mar entre esse país e o Japão como mar do Leste, no lugar do tradicional nome de mar do Japão. Em agosto de 2012, uma pequena frota de navios japoneses, com cerca de 150 pessoas, chegou sorrateiramente a uma das ilhas do arquipélago de Senkaku (Diaoyu, segundo a denominação chinesa), e dez nacionalistas nadaram até a praia para reafirmar a soberania japonesa sobre as ilhas, também reivindicadas pela China. Imediatamente, em várias cidades chinesas, eclodiram manifestações de repúdio ao gesto dos nacionalistas nipônicos.

Pouco depois, o governo japonês anunciou que compraria as ilhas em disputa, que pertencem a um grupo privado do país. As ilhas da discórdia não passam de rochedos e são desabitadas. O governo chinês declarou ilegal o ato de compra e enviou navios para patrulhar a região. Simultaneamente, o governo de Taiwan, país mais próximo das ilhas, exigiu que o governo japonês revogasse a medida.

A disputa pelo arquipélago dura mais de um século. Em 1895, após a derrota chinesa na Primeira Guerra Sino-Japonesa, a soberania das ilhas passou ao Japão. Com a derrota japonesa na Segunda Guerra Mundial (1939--1945), as ilhas passaram para a administração dos Estados Unidos, que as devolveram em 1971, apesar da oposição de Pequim. Em seguida, o governo do Japão as vendeu para um grupo de empresários. A solicitação de rebatismo do mar do Japão pela embaixada coreana e os incidentes recentes sinalizam a ativação de tensões adormecidas, que se relacionam às superpostas sobre a posse de ilhas no espaço marítimo do Pacífico asiático.

A bacia do Pacífico, em sua parte ocidental, abrange toda a costa leste e sudeste da Ásia, se estendendo desde o nordeste da Rússia até o Sudeste Asiático. A porção litorânea junto ao continente é bastante recortada, com a presença de penínsulas e golfos. A parte "oceânica" é composta por ilhas e arquipélagos, muitos deles minúsculos e desabitados.

Nessa região da bacia do Pacífico, situam-se cerca de uma dezena de países que apresentam profundas disparidades demográficas, econômicas, históricas e culturais. Entre eles, há países continentais, como a Rússia, gigantes demográficos, como a China e a Indonésia, além do próprio Japão, a terceira maior economia

Espaços marítimos reivindicados pela China e países vizinhos
Espaços marítimos reivindicados pelo Japão
Ilhas Senkaku/Diaoyu
Jazidas de petróleo e gás

Tensões geopolíticas na área da Ásia do Pacífico.

Segunda Guerra Mundial, o Japão e os Estados Unidos ampliaram suas esferas de influência no Pacífico, deflagrando o conflito militar que se iniciou em dezembro de 1941 com o ataque japonês a Pearl Harbor. O triunfo norte-americano converteu o país em potência hegemônica no Pacífico. A marinha dos Estados Unidos cristalizou seu predomínio estratégico pela instalação de uma densa rede de bases, que transformou parte considerável do Pacífico numa espécie de "lago norte-americano".

O advento da Guerra Fria provocou aumento das tensões geopolíticas na área, por conta da implantação de regimes comunistas na China, na Coreia do Norte e no antigo Vietnã do Norte. Em face dessas ameaças à ordem macrorregional, os Estados Unidos firmaram uma rede de pactos militares com vários países da área, notadamente Japão, Taiwan e Coreia do Sul. Forças militares norte-americanas foram estacionadas na Coreia do Sul e na ilha japonesa de Okinawa. Washington deu garantias de segurança ao regime anticomunista chinês de Taiwan.

As disputas sobre o controle dos pequenos arquipélagos do mar do Japão, do mar da China Oriental e do mar da China Meridional acirraram-se com a valorização econômica da plataforma continental, tanto para o aproveita-

do mundo, atrás apenas dos Estados Unidos e da China.

Desde o século XVI, várias potências expansionistas – Portugal, Espanha, Holanda, França, Grã-Bretanha, Rússia e Alemanha – reividicaram o controle sobre parcelas dessa área. Mas, entre as últimas décadas do século XIX e a mento dos recursos pesqueiros, base importante da dieta alimentar dos países da região, quanto para a exploração de riquezas minerais, especialmente hidrocarbonetos. A Convenção das Nações Unidas sobre o Direito do Mar, de 1982, definiu o conceito de mar territorial, uma extensão de 12 milhas náuticas (22 quilômetros) a partir da costa, uma faixa de soberania absoluta do país ribeirinho, e também criou a Zona Econômica Exclusiva (ZEE), com 200 milhas náuticas (370 quilômetros), uma faixa na qual o país ribeirinho mantém soberania limitada sobre os recursos vivos e não vivos. Vários países, entre eles a China, não aderiram à Convenção.

Além disso, uma história plena de ressentimentos acirra ainda mais as disputas marítimas. No mar de Okhotsk, Japão e Rússia ainda não encerraram a disputa sobre as ilhas Kurilas, que pertenceram ao Império Russo, e foram tomadas pelo Japão na Guerra Russo-Japonesa (1905) e retomadas pela União Soviética no final da Segunda Guerra Mundial. As duas Coreias, que entraram em guerra entre 1950 e 1953, jamais assinaram um tratado de paz. A expansão japonesa na esfera da Ásia/Pacífico, entre o final do século XIX e a Segunda Guerra Mundial, foi pontilhada por atrocidades contra as populações civis na península coreana, na China e no Sudeste Asiático. As manifestações antijaponesas que eclodiram na China são insufladas pela memória e pelas narrativas políticas dessas atrocidades.

No mar da China Meridional, além das tensões entre China e Taiwan, verificam-se diversas outras disputas "oceânicas". As ilhas Paracelso são disputadas pelo Vietnã e pela China. O arquipélago de Spratly é reivindicado, parcial ou integralmente, por Malásia, Filipinas, Brunei, China e Vietnã. Várias ilhas e rochedos foram ocupados militarmente pelos países litigantes, especialmente pela China, que investe pesadamente na modernização de sua marinha de guerra.

As tensões na vasta região colocam potencialmente em risco as rotas mais importantes do comércio entre o Oriente e o Ocidente, que são cruciais para o intercâmbio externo da China e do Japão. A potência extrarregional decisiva são os Estados Unidos. Só Washington dispõe de bases militares, tropas e meios logísticos para exercer influência decisiva sobre toda a área, um espaço cada vez mais sensível na geopolítica global.

Turquia: um país entre dois mundos

Nos últimos anos, a Turquia tem aparecido com frequência no noticiário dos jornais. Muito recentemente, alguns analistas chegaram a afirmar que estaria em curso no país uma "primavera turca", numa alusão comparativa àquilo que vem ocorrendo no mundo árabe. E aqui vale uma importante distinção: apesar de se localizar no Oriente Médio, de ser um país onde a maioria da população professa o islamismo, os turcos não são árabes.

Um dos aspectos geográficos peculiares da Turquia refere-se ao fato de ser um país cujo território se estende por dois continentes. Cerca de 97% de sua área situa-se no continente asiático e o restante na Europa, junto às fronteiras com a Grécia e a Bulgária. Sua principal cidade, Istambul, abrange áreas desses dois continentes e essas duas porções de seu sítio urbano são separadas pelo estreito de Bósforo, que conecta o mar Negro ao mar de Mármara. Este último se liga ao Mediterrâneo, mais especificamente ao mar Egeu, através do estreito de Dardanelos.

A Turquia faz fronteiras com vários países que têm ou tiveram recentemente conflitos com vizinhos ou tensões internas, como a Geórgia, a Armênia, a Síria, o Irã e o Iraque. Do lado europeu, a Turquia tem com a Grécia um

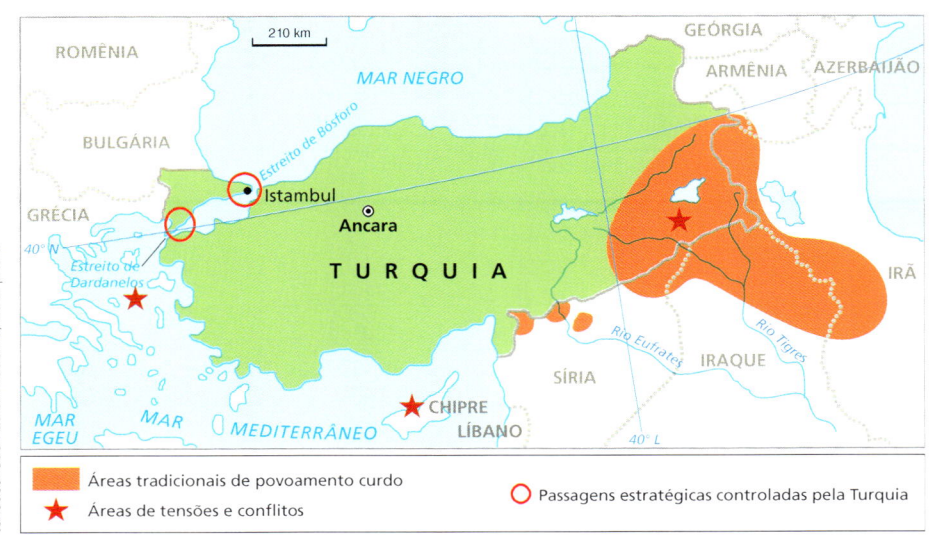

Fonte: OLIC, Nelson Bacic. *Oriente Médio*: uma região de conflitos e tensões. São Paulo: Moderna, 2012 p. 34.

■ Áreas tradicionais de povoamento curdo
★ Áreas de tensões e conflitos
○ Passagens estratégicas controladas pela Turquia

A Turquia e suas vizinhanças.

antagonismo histórico, cuja origem remonta ao tempo em que os gregos estiveram submetidos ao Império Otomano.

A Turquia, tal como reconhecemos atualmente nos mapas, é um Estado que surgiu com o desaparecimento do Império Otomano, logo após o fim da Primeira Guerra Mundial (1914--1918). Em seu apogeu, no século XVII, os otomanos dominavam uma área de aproximadamente 12 milhões de km^2, que se estendia do estreito de Gibraltar até o mar Cáspio e o golfo Pérsico. No sentido norte-sul, seus domínios iam desde a atual Bósnia até o Sudão e a porção meridional da península Arábica. A capital do Império Otomano era a cidade de Constantinopla, tomada do Império Bizantino em 1453 e rebatizada de Istambul.

A partir de 1517, o sultão – denominação dada ao líder político do império – intitulou-se califa, isto é, passou também a acumular a função de referência religiosa para os muçulmanos do mundo, visto que o Império Otomano detinha o controle das cidades santas de Meca e Medina. O Império Otomano passou, então, a ser o Estado-núcleo da civilização islâmica. Depois de ser considerado o único capaz de fazer frente ao crescente poderio europeu, nos séculos seguintes o Império entrou em lenta decadên-

cia, fato que se acentuou ao longo do século XIX.

Essa situação foi resultado de uma combinação de fatores, entre os quais merecem destaque as lutas pela independência de povos que estavam submetidos ao Império na península Balcânica – sérvios, montenegrinos, búlgaros e gregos. Juntaram-se a isso as pressões geopolíticas das potências europeias – especialmente a Grã-Bretanha e o Império Russo –, sequiosas de tirar proveito de um Império Otomano cada vez mais enfraquecido. Por fim, havia ainda a enorme corrupção que grassava no interior do império.

Em 1912, na Primeira Guerra Balcânica, os otomanos foram praticamente expulsos da península Balcânica, colocando um fim à sua longa presença nessa região. Em seguida, como consequência da derrota otomana na Primeira Guerra Mundial e a assinatura do Tratado de Sevres (1920), o território do império foi partilhado em áreas de influência dominadas pelas potências vencedoras do conflito, especialmente França e Grã-Bretanha.

Em 1923, o Tratado de Lausane, que substituiu o de Sevres, definiu as fronteiras atuais da Turquia, que englobavam a península da Anatólia e a pequena área da Europa, a Trácia Oriental, onde se situa Istambul. Mustafá Kemal Ataturk, líder do novo país, fazia questão de afirmar que, territorialmente, o novo país deveria se limitar "à Turquia, toda a Turquia, nada mais que a Turquia".

Ataturk foi o primeiro presidente da República da Turquia e a governou de 1923 até sua morte, em 1938. Ele foi o responsável pelas grandes reformas implantadas no país. Além de abolir o império e implantar um regime republicano, em 1928 ele definiu que o islamismo deixaria de ser a religião oficial do Estado. Apesar de ter morrido há quase 80 anos, Ataturk ainda é uma referência viva para a população do país. Como exemplo dessa importância, todas as moedas e cédulas da libra turca possuem a esfinge do líder turco.

Para dar mais uma mostra de seu rompimento com o passado otomano, a capital do novo país foi mudada de Istambul para Ancara, cidade localizada na porção central do país, com a intenção de simbolizar a ideia de uma nação moderna e laica.

Por conta de sua posição geográfica, entre a Ásia e a Europa, a Turquia sempre oscilou entre as influências vindas do Oriente e do Ocidente. A partir do final da Segunda Guerra Mundial (1945) ela voltou-se de forma mais clara para o Ocidente, o que ficou evidenciado por sua incorporação aos dispositivos militares da Otan (Organização do Tratado do Atlântico Norte), tornando-a um aliado estratégico dos Estados Unidos na região do Mediterrâneo Oriental. Até hoje a Turquia permanece como o único país muçulmano a participar dessa aliança militar.

Depois de quatro décadas tentando sua incorporação à União Europeia, a Turquia passou a participar mais intensamente do cenário geopolítico do Oriente Médio, tornando-se uma interlocutora importante nas crises recentes que ocorreram nessa conturbada região. Essa é a mais recente oscilação do país criado há quase um século por Ataturk.

A saga dos curdos

Há cerca de cinco mil anos, tribos de pastores se estabeleceram numa região montanhosa da porção setentrional do Oriente Médio, localizada de forma mais ou menos equidistante dos mares Mediterrâneo, Negro, Cáspio e golfo Pérsico. Permaneceram nessa região e absorveram influências culturais – o islamismo, por exemplo – dos povos que ao longo do tempo dominaram a região. Essa é a origem dos curdos.

Atualmente, dispersos por uma vasta área do Oriente Médio, que abrange regiões de cinco países (Turquia, Iraque, Irã, Síria e Armênia), os curdos constituem não só a mais numerosa minoria da região como também o maior grupo étnico do mundo que não possui um território nacional próprio. Culturalmente, eles estão na encruzilhada dos mundos árabe, turco e persa.

O que denominam de Curdistão – o "país dos curdos" – não tem limites precisos, mas se estende a partir das montanhas Zagros, no Irã, abrangendo também o norte do Iraque, a porção setentrional da Síria e a Turquia Oriental. De maneira geral, é uma região montanhosa, com mais de 500 mil km², parcialmente drenada pelos rios Tigre e Eufrates.

O número exato de curdos é motivo de controvérsias. Algumas fontes falam em 27 milhões, enquanto outras indicam um total de 36 milhões. Isso se deve ao fato de que governos dos países que os abrigam produzirem estatísticas pouco confiáveis sobre o delicado tema. Cerca de metade dos curdos

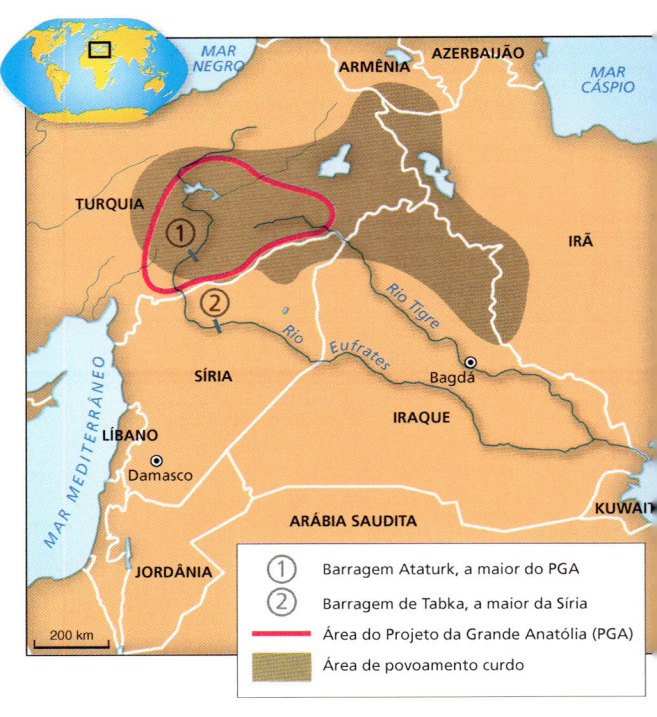

A região do vale dos rios Tigre e Eufrates.

presente no Oriente Médio vive na Turquia, onde representa aproximadamente 20% da população total. No Iraque, são também 20%; na Síria, 8%; no Irã, 7%; na Armênia, pouco mais de 1%.

Os curdos não falam uma língua única nem sequer professam uma religião comum, ainda que a parcela majoritária deles seja adepta do islamismo sunita. Genericamente, os curdos podem ser enquadrados em três categorias: os das montanhas, os das planícies e os das cidades. Os primeiros vivem basicamente do pastoreio e do comércio "informal", e ignoram as fronteiras nacionais estabelecidas. Tais áreas montanhosas abrigam mais de trinta tribos, cujas rivalidades tradicionais muitas vezes se sobrepuseram às lutas por autonomia. Quanto aos curdos das cidades, eles estão representados basicamente pelos que vivem nos centros urbanos do Iraque, ligados à indústria e prospecção do petróleo, e pelos que vivem em Istambul, na Turquia.

Os anseios de um Curdistão independente ganharam força no final da Primeira Guerra Mundial (1914-1918), quando imaginava--se que o país dos curdos surgiria com o fim do Império Turco-Otomano, que dominou a região por séculos. Na hora das negociações de paz, o então presidente dos Estados Unidos, Woodrow Wilson, apresentou seus célebres 14 Pontos – e o 12º deles tratava de uma nação curda. O Tratado de Sévres (1920) previa autonomia para os curdos, mas o de Lausanne (1923) derrubou essa aspiração.

A partir de então, por inúmeras vezes, os curdos se revoltaram, mas invariavelmente foram reprimidos pelos governos dos países aos quais estavam submetidos, especialmente na Turquia e no Iraque, o que deu origem a organizações curdas de luta armada. O exemplo mais notável é o Partido dos Trabalhadores Curdos (PKK, na sigla em inglês), criado em 1984 na Turquia, que atua também a partir do lado iraquiano da fronteira comum. Por inúmeras vezes, o governo turco atacou bases do PKK em território do Iraque. Depois de décadas de luta, em março de 2013, a organização decretou um cessar-fogo unilateral com o governo turco.

No Iraque, por décadas, os curdos sofreram com a violenta e sistemática repressão por parte do governo do país. A situação começou a mudar ao final da Guerra do Golfo (1990-1991), quando a ONU (Organização das Nações Unidas) autorizou a proteção internacional de uma região curda no norte do Iraque, que ficou resguardada de ataques do ditador iraquiano Saddam Hussein. A proteção externa permitiu que os curdos conquistassem substancial autonomia regional.

Em 2003, quando os Estados Unidos invadiram o Iraque, os curdos desempenharam papel importante na derrubada do regime de Saddam Hussein. Em 2005, com a eleição de um governo de transição, os curdos assumiram postos-chave na nova administração iraquiana, inclusive a presidência do país. Desde aquele ano, eles procuram conservar sua influência no governo central e preservar a autonomia regional no contexto de um Iraque federalista.

Todavia, a criação de um Curdistão independente é uma utopia. Nenhum dos países que possuem populações curdas abriria mão da soberania sobre seus territórios. Além disso, um Curdistão independente, que abrangesse as tradicionais áreas de povoamento curdo, seria excepcionalmente rico em petróleo, por conta das valiosas jazidas do norte do Iraque, e em recursos hídricos, pois as nascentes do Tigre e do Eufrates estão no sudeste da Turquia.

Estados Unidos, potência demográfica

Apesar de seus problemas internos e da perda relativa de seu poder global, os Estados Unidos continuam sendo a maior potência financeira, econômica, tecnológica, militar e cultural do planeta. Todavia, a nação norte-americana é também uma potência demográfica. Em 2010, data do último censo, o efetivo demográfico dos Estados Unidos superou a cifra de 308 milhões de habitantes, confirmando o país como o terceiro mais populoso do mundo, cujo número só é superado pelo da China (cerca de 1,3 bilhão) e da Índia (quase 1,2 bilhão).

O crescimento populacional norte-americano foi muito rápido. Em 1790, quatorze anos após sua independência, o país possuía cerca de 4 milhões de habitantes; um século depois, a população tinha crescido mais de 15 vezes, chegando a 63 milhões. No século XX, entre 1945 e o ano 2000, sua população simplesmente duplicou.

As causas desse expressivo aumento do contingente populacional estão ligadas ao contínuo excedente do número de nascimentos em relação às mortes, e, também, pela expressiva entrada de imigrantes. Entre 1850 e 1930, entraram nos Estados Unidos cerca de 38 milhões de imigrantes. No período entre 1930 e 1965, chegaram "apenas" 5,5 milhões, por conta de uma série de leis que restringiram o fluxo. Por fim, de 1965 até os dias atuais, entraram em território estadunidense pelo menos 30 milhões de novos imigrantes.

Previsões demográficas indicam que a população do país deve continuar crescendo nas próximas décadas e continuará ocupando o posto de terceiro maior contingente populacional do mundo. Entre 2040 e 2050, os Estados Unidos ultrapassarão a barreira dos 400 milhões de habitantes, chegando a 419 milhões de indivíduos.

Do ponto de vista do crescimento vegetativo, pode-se dizer que os Estados Unidos estão concluindo sua transição demográfica. O crescimento que em 1900 era de 1,5% ao ano, foi reduzido pela metade na década de 1930. Todavia essa queda na trajetória demográfica foi interrompida na década de 1950, quando houve uma retomada no ritmo de crescimento, fenômeno que ficou conhecido como *baby boom*. Nessa época, o país voltou a ter um crescimento vegetativo similar ao registrado no início do século XX. Em seguida, o crescimento voltou a diminuir, atingindo em 2000 a cifra de 0,6%.

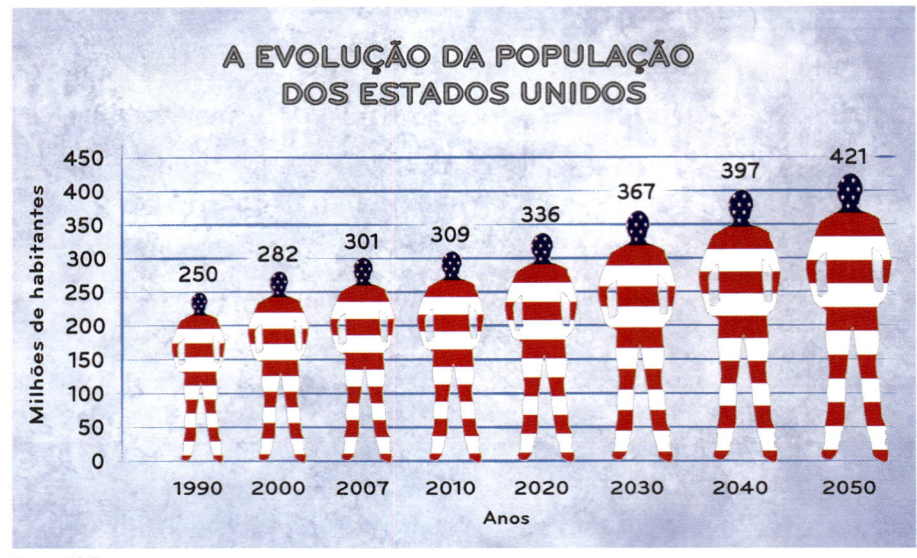

A EVOLUÇÃO DA POPULAÇÃO DOS ESTADOS UNIDOS

Fonte: *US Census.*

Além disso, o país tem um grande número de imigrantes na condição de ilegais. Segundo o Centro de Pesquisas Pew, eles seriam quase 12 milhões, sendo 52% de nacionalidade mexicana. Embora pesquisas recentes indiquem que os ilegais estejam se espalhando mais pelo território norte-americano, cerca de 80% deles estão concentrados em seis estados: Califórnia, Flórida, Texas – estados do sul do país –Illinois, Nova Jersey e Nova York, na região nordeste.

A dinâmica demográfica norte-americana é bastante variável no que se refere aos aspectos regionais. Desde a década de 1980, o aumento mais expressivo da população tem ocorrido no chamado *Sun Belt* (Cinturão do Sol), ampla área do sul e oeste do país, que se estende aproximadamente do estado da Flórida à Califórnia. Nos últimos 20 anos, a população da região sul dos Estados Unidos aumentou 25%, ao passo que o contingente populacional do oeste teve um incremento superior a 40%. Nas últimas quatro décadas, mais da metade do crescimento populacional do país tem ficado por conta de cinco estados: Califórnia, Texas, Flórida, Arizona e Geórgia.

A questão das minorias

Nas últimas duas décadas, os Estados Unidos passaram por importantes mudanças demográficas. Segundo os dados do censo

GRUPOS DA POPULAÇÃO DOS ESTADOS UNIDOS (em %)

Grupos	Ano 2000	Ano 2010	Ano 2050
Branco	69,1	65,0	47,0
Latino	12,5	15,0	29,0
Negro	12,1	13,0	13,0
Asiático	3,7	4,0	9,0
Outros	2,6	3,0	2,0

Fonte: *US Census.*

2000, na década de 1990, a população norte-americana foi acrescida de quase 33 milhões de indivíduos, passando de 248,7 milhões para 281,4 milhões de pessoas. Esses dados revelaram que esse foi o maior crescimento quantitativo já registrado no país ao longo de uma década.

Esse crescimento é explicado essencialmente pela aceleração do incremento da população de origem hispânica, que já era anteriormente expressiva. O censo de 2000 mostrou que pela primeira vez a minoria negra foi ultrapassada pelo grupo hispânico ou latino. Estimativas de órgãos do governo indicam que, em 2050, os norte-americanos de origem europeia, os "anglos", serão menos da metade da população do país.

A minoria hispânica não forma um grupo homogêneo. Ela não é identificada por critérios raciais ou nacionais, mas principalmente por aspectos linguísticos (fala o espanhol) e religiosos (segue o catolicismo). Atualmente, esse grupo se constitui no principal elemento da imigração legal e ilegal que se dirige aos Estados Unidos.

Os hispânicos se concentram nas regiões meridionais e ocidentais dos Estados Unidos, com a presença marcante de mexicanos nos estados da Califórnia e do Texas e cubanos na Flórida. Mas há também um número expressivo de latinos em estados do Nordeste, como Nova Jersey, Nova York e Illinois.

Os negros representam uma minoria antiga, presente desde a época da escravidão, e hoje se constitui na segunda minoria mais importante do país. Esse grupo, essencialmente urbano, concentra-se no centro-leste e sul do país. Em 1910, cerca de 90% das pessoas dessa minoria concentrava-se no sul, região que atualmente abriga apenas a metade desse contingente. Os afrodescendentes são majoritários em algumas cidades do sul e do nordeste dos Estados Unidos, como é o caso da capital, Washington D.C., onde são cerca de 2/3 da população, e de Nova York, que é a cidade com maior número de negros do país.

Os asiáticos, que tiveram seu crescimento triplicado nos últimos 25 anos, têm mais de 60% de seu grupo concentrado nas principais cidades dos estados localizados junto à costa do Pacífico. Por fim, os "americanos nativos", depois de sofrerem um verdadeiro genocídio durante quase cinco séculos, são encontrados principalmente em reservas indígenas, especialmente no centro-oeste do país.

Socialmente, essas minorias apresentam indicadores de pobreza bem mais elevados que aqueles verificados junto aos brancos. Assim, a taxa de desemprego entre brancos é de mais ou menos 10%, enquanto que a mesma taxa entre hispânicos e negros é de, respectivamente, 15% e 20%. A minoria dos afrodescendentes tem sido, historicamente, a que mais tem sofrido com as desigualdades sociais.

Como o crescimento demográfico das minorias tem se mostrado maior do que o grupo branco, certos setores "nativistas" dessa população majoritária têm desenvolvido sentimentos xenófobos. Seus ideólogos defendem que um norte-americano "puro" é um indivíduo branco, anglo-saxão e protestante. Eles alegam que a continuidade dessa situação faria o país perder as características básicas de sua identidade cultural. Por isso, são os grandes defensores de leis que restrinjam a imigração.

A gênese dos conflitos africanos

Boa parte dos conflitos e das reviravoltas políticas mundiais das últimas décadas teve a África como palco. Muitas das notícias que costumamos receber sobre os países do continente quase sempre estão ligadas a imagens de ditaduras cruéis, de incessantes golpes de Estado, de eleições fraudulentas e de guerras intermináveis, muitas vezes recordistas em número de mortos e de refugiados.

Uma combinação de causas explica o cenário de violência generalizada, a começar pela condição de miséria, apesar dos avanços recentes em que vive grande parte da população do continente, e pela estagnação econômica, que naturalmente levam à competição pelos recursos naturais disponíveis e tornam a população suscetível a discursos de caráter extremista.

Em pleno século XXI, época marcada pelo frenético intercâmbio de pessoas, riquezas, bens e informação, uma parcela expressiva dos africanos prossegue na luta diária pela sobrevivência. Segundo organismos internacionais, parcela considerável da população encontra-se na extrema pobreza, ou seja, vivendo com pouco mais de um dólar por dia.

Por algum tempo, acreditou-se que a ponta de lança de uma possível guinada no desenvolvimento africano seria o subsolo, rico em recursos minerais valiosos, como o petróleo no norte e pedras preciosas. Ironicamente, essas riquezas, ainda em grande parte pouco exploradas, aguçaram a cobiça de empresas transnacionais como também de líderes africanos inescrupulosos. Num passado recente e mesmo na atualidade, várias das guerras que assolam o continente são financiadas pela exploração desses recursos.

Outro fator crucial para se entender as razões dos conflitos africanos é a trágica e nefasta herança deixada pelo colonialismo europeu. É importante lembrar que a maioria dos países do continente alcançou sua independência há pouco mais de 50 anos. As fronteiras desenhadas de forma artificial e arbitrária, pelas potências coloniais europeias no Congresso de Berlim (1884-1885), ignoraram a complexa realidade étnica da África, separando um mesmo grupo étnico por diferentes espaços coloniais e reunindo grupos que possuíam uma longa tradição de hostilidade no interior de um mesmo território colonial.

Com o processo de descolonização e a consequente independência, uma regra de ouro foi mantida:

a intangibilidade das fronteiras herdadas da época colonial. Por conta disso, as rivalidades étnicas que até então tinham sido reprimidas ou manipuladas pelas potências coloniais passaram a se manifestar.

Basta fazer uma comparação entre as fronteiras étnicas da África e os limites políticos dos atuais Estados africanos para comprovar que o modelo imposto pelos colo-

nizadores europeus só poderia se converter numa fonte quase permanente de conflitos e tensões. Vários países possuem dezenas e às vezes mais de uma centena de etnias em seu interior.

Um dos casos emblemáticos é o da Nigéria, antiga colônia britânica e país mais populoso do continente, que possui em seu território mais de 200 agrupamentos

Fonte: RUBENSTEIN, James. M. *The Cultural Landscape an: introduction to human geography.* p. 235.

África: divisões étnicas e políticas.

étnicos distintos. O antagonismo histórico entre alguns desses grupos se acirrou por conta das diferenças religiosas: os adeptos do islamismo e do cristianismo têm praticamente a mesma expressão numérica. Em resumo, pode-se afirmar que é quase um milagre que a Nigéria continue mantendo sua integridade territorial.

Deve-se ressaltar ainda que as potências europeias, intencionalmente ou não, semearam o ódio entre grupos étnicos que estavam sobre seu domínio. Assim, em algumas colônias deram tratamento privilegiado a uma etnia em detrimento da outra. Em outras, classificaram grupos étnicos locais em inferiores ou superiores, no contexto de uma estratégia que visava dividir para governar. Igualmente, o tráfico negreiro no interior do continente criou ressentimentos históricos entre grupos negros traficantes de escravos e aqueles que eram escravizados.

Uma das características recentes marcantes dos conflitos africanos é a sua regionalização, isto é, a situação de beligerância se espalha de país para país, seja porque os povos envolvidos estão dispersos por mais de um território nacional, seja porque os governos estão demasiado fracos para impedir infiltrações de grupos guerrilheiros e a ingerência de outros Estados.

Por fim, qualquer análise mais detalhada desses conflitos africanos precisa levar em conta o fato de que a África é um continente imenso, com mais de 50 países, com uma grande diversidade de paisagens, culturas e povos, com diferentes estágios no que se refere ao desenvolvimento econômico, político e social. Dessa forma, a natureza das tensões e guerras que ali se desenrolam varia de região para região, cada uma delas com suas peculiaridades e questões.

Japão: reviravoltas energéticas

Acatástrofe natural e humana que atingiu o Japão em março de 2011 vai ainda ecoar por muito tempo e continua levantando indagações sobre o futuro das estratégias energéticas no mundo inteiro. As usinas nucleares, que "voltaram à moda" nos últimos anos, estão mais uma vez na mira dos críticos.

Em 1986, logo após o acidente na usina de Chernobyl, na Ucrânia, que à época fazia parte da antiga União Soviética, os questionamentos sobre a validade do uso da fonte nuclear para a geração de energia se tornaram muito fortes. Contudo, a passagem do tempo e o desenvolvimento de novas tecnologias e sistemas operacionais reabilitaram a opção nuclear. Nos últimos anos, um número crescente de especialistas passou a defender a fonte nuclear com base na maior sofisticação dos sistemas de segurança, que a tornariam praticamente imune a acidentes.

Os argumentos favoráveis ganhavam força a cada novo relatório do Painel Intergovernamental das Mudanças Climáticas (IPCC, na sigla em inglês). A produção de eletricidade por fonte nuclear provoca emissões pouco significativas de gases de efeito estufa, ao contrário do que ocorre com as centrais térmicas a carvão, petróleo ou gás. Do ponto de vista ambiental, a única desvantagem se relaciona ao armazenamento e destinação final dos resíduos radioativos gerados pelos reatores.

O acidente de Fukushima provavelmente não acarretará mudanças de curto prazo na produção de eletricidade em países altamente dependentes da energia nuclear. Mas, com certeza, o preço de construção e manutenção de novas usinas sofrerá forte incremento, por conta da introdução de novos sistemas de segurança.

A matriz energética japonesa depende intensamente – em cerca de 15%, o que não é pouco – da fonte nuclear. Fukushima trouxe à tona, com uma clareza brutal, a seguinte pergunta: como um país que sofreu o "holocausto atômico" em Hiroshima e Nagasaki apostou tanto na energia nuclear? A resposta envolve uma combinação de fatores geográficos, históricos, econômicos, sociais e geopolíticos. Num lado da equação, há uma nítida carência de recursos naturais energéticos; no outro, estratégias energéticas conduzidas pelos governos ao longo dos ciclos econômicos de longo prazo.

O Japão, um arquipélago formado por cerca de 3.500 ilhas,

possui superfície de quase 373 mil km², pouco maior que a área do Maranhão. Quatro ilhas principais – Honshu, Hokkaido, Shikoku e Kyushu – perfazem 97% do território japonês. Situado no interior do Círculo de Fogo do Pacífico, em faixa de contato entre três grandes placas tectônicas, o país está sujeito cotidianamente a abalos sísmicos de variadas intensidades. A usina de Fukushima encontra-se na região nordeste da ilha de Honshu, local do epicentro do terremoto.

O país é muito montanhoso, tanto que as regiões acidentadas cobrem grande parte do território, e as planícies, especialmente as litorâneas, não representam mais que 15% da superfície total. Essas características morfológicas induziram a população a se concentrar nessas planícies, especialmente aquelas voltadas para a vertente do Pacífico, onde as densidades são altíssimas. A população japonesa é de aproximadamente 127 milhões de habitantes, com cerca de três quartos deles concentrados na ilha de Honshu, onde se situa a capital, Tóquio.

Na verdade, Tóquio é o núcleo da mais populosa região urbana do mundo, a megalópole Tokaido, que engloba, além da capital, as cidades de Yokohama, Osaka, Nagoya, Kobe e Kyoto, abrigando cerca de 37 milhões de habitantes. Se o terremoto e o tsunami tivessem ocorrido 300 ou 400 quilômetros mais ao sul, a quantidade de vítimas seria infinitamente maior.

Por um "capricho geológico", o Japão é desprovido de grandes recursos minerais, especialmente de matérias-primas energéticas, o que o obriga a importar cerca de 80% dos recursos de que necessita. Isso não impediu que o país mantivesse, durante três décadas, a posição de segunda maior potência econômica mundial, condição perdida para a China em 2010.

A matriz energética japonesa atravessou transformações marcantes desde o final da Se-

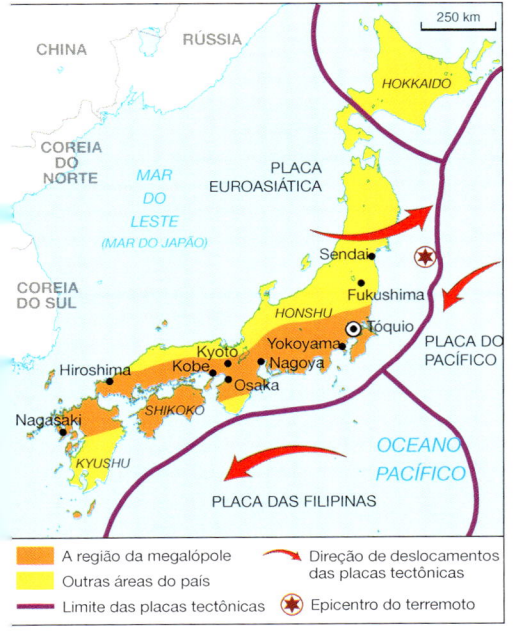

Japão: aspectos geográficos.

gunda Guerra Mundial (1945). Em 1950, o carvão representava cerca de metade das fontes primárias, a fonte hídrica contribuía com algo em torno de um terço e o petróleo perfazia apenas pouco mais de 5%. Em 1965, no ponto intermediário do grande ciclo de crescimento econômico, o petróleo já contribuía com quase 60%, o carvão retrocedera para 27% e a fonte hídrica representava 11% do total.

Uma segunda mudança estrutural na matriz energética decorreu das novas estratégias provocadas pelos "choques do petróleo" de 1973 e 1979. A partir de então, o país pôs em prática um plano de reduzir a dependência em relação ao petróleo importado e, também,

de diversificar os fornecedores do produto, a fim de reduzir a vulnerabilidade da economia diante da instabilidade geopolítica no Oriente Médio. Essas ações foram complementadas com a implementação de políticas de aprimoramento da eficiência energética. Desde os anos 1970, o Japão passou a apostar fortemente na fonte nuclear.

As consequências apareceram rápido. Nas últimas décadas, a participação do petróleo na matriz energética foi reduzida praticamente pela metade, enquanto a fonte nuclear quintuplicou sua participação. Contudo, mesmo depois de todas essas mudanças, o Japão continua figurando entre os três maiores consumidores e importadores do "ouro negro".

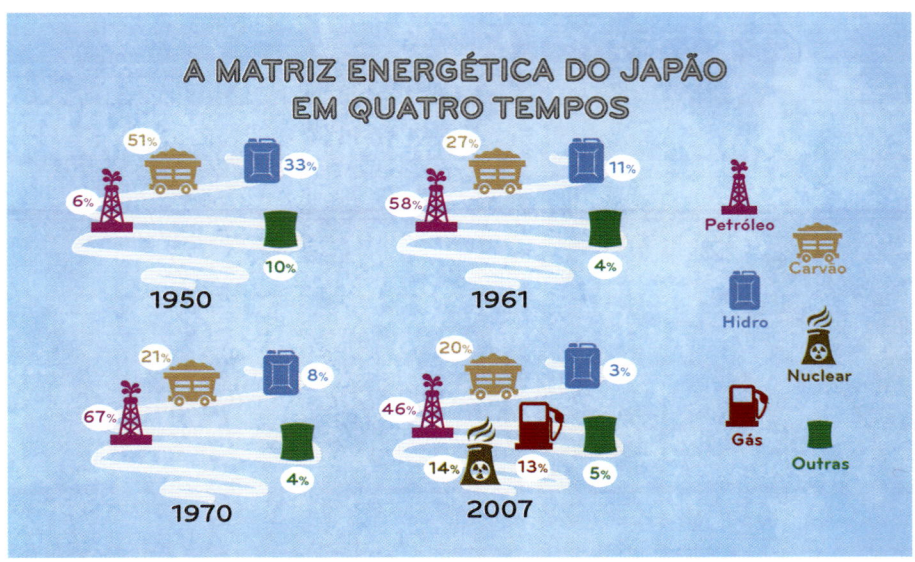

Fonte: Derruau, Max. O Japão e A/E.

A eletricidade é um subconjunto da matriz energética total. Na matriz elétrica japonesa, a participação da fonte nuclear é de quase 25%, enquanto cerca de dois terços da geração de eletricidade se realiza em usinas térmicas convencionais, movidas a gás, carvão ou petróleo. Uma geração complementar depende de hidrelétricas e de outras fontes renováveis. Antes do acidente de Fukushima, o governo planejava ampliar a participação da energia nuclear na geração de eletricidade para 40% até 2020, e 50%, em 2030. Diante do que aconteceu, com certeza, a estratégia está sendo revisada.

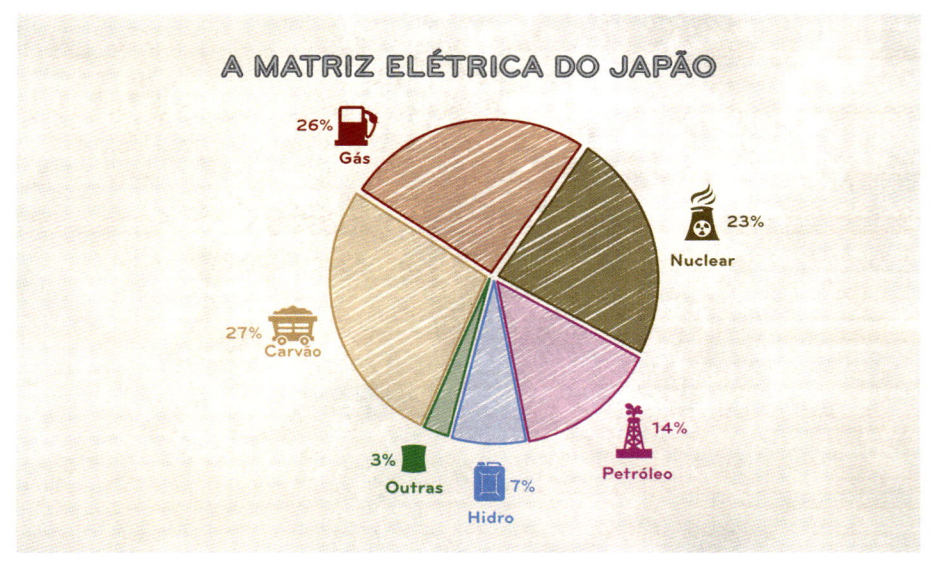

A MATRIZ ELÉTRICA DO JAPÃO

26% Gás

23% Nuclear

27% Carvão

14% Petróleo

3% Outras

7% Hidro

Fonte: Agência Internacional de Energia.

O enigma coreano

Um novo capítulo das tensões geopolíticas latentes no nordeste da Ásia eclodiu em março de 2013, envolvendo mais uma vez as duas Coreias. A divisão da península coreana é um dos últimos resquícios da Guerra Fria. Ali, uma fronteira altamente militarizada separa a Coreia do Norte da Coreia do Sul. Seul, a capital sul-coreana, situada nas proximidades da faixa de fronteira, é um alvo fácil das baterias de artilharia norte-coreanas. As duas Coreias seguiram trajetórias bem diferentes desde 1953, quando um armistício encerrou os três anos de combates da Guerra da Coreia.

Durante séculos, a península foi objeto de disputas entre chineses, mongóis, japoneses e russos. No final do século XIX, tornou-se alvo do expansionismo do Japão, que ocupou a região entre 1910 e 1945. No último ano da Segunda Guerra Mundial, a ofensiva quase simultânea das forças soviéticas, no norte, e americanas, no sul, libertou a Coreia da ocupação nipônica. Mas os coreanos não conseguiram ter uma só nação soberana e aceitaram, provisoriamente, a criação de duas entidades que possuíam regimes antagônicos: o norte, comunista, e o sul, capitalista.

O início da Guerra Fria provocou a implosão das negociações pela reunificação da península e, em 1948, as zonas de ocupação deram lugar a dois Estados rivais, separados pelo paralelo de 38° N. A Coreia do Norte alinhou-se à União Soviética, enquanto a Coreia do Sul incorporou-se à esfera de influência dos Estados Unidos.

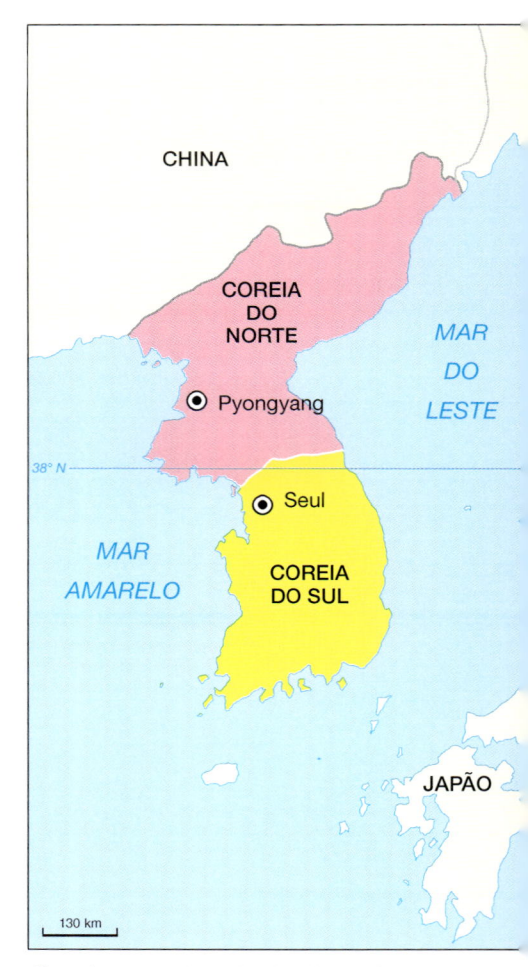

Coreia: a península da discórdia.

O acirramento das tensões regionais desencadeou a Guerra da Coreia, que teve início em 1950, com a invasão do sul por forças da Coreia do Norte. A ofensiva fez com que os Estados Unidos e países aliados, sob a bandeira das Nações Unidas, viessem em socorro dos sul-coreanos, tomando Pyongyang, a capital do norte, e expulsando as forças comunistas para as proximidades da fronteira chinesa. Foi então que a China se envolveu no conflito, apoiando a Coreia do Norte.

O recuo das forças norte-americanas levou, no final de 1950, à estabilização do *front* junto ao paralelo 38° N. O armistício de Panmunjon, em 1953, levou a um cessar-fogo permanente, mas a ausência de um tratado de paz converteu a linha de armistício, no paralelo 38° N, em uma fronteira instável entre Estados rivais. Desde aquele momento, dezenas de milhares de soldados norte-americanos mantêm-se em território sul-coreano com o objetivo de dissuadir o governo de Pyongyang de promover uma nova invasão.

Na década de 1970, a Coreia do Sul emergiu entre os Tigres Asiáticos como plataforma exportadora de automóveis, eletroeletrônicos e computadores. Isso tudo graças ao apoio dos Estados Unidos e de pesados investimentos governamentais que qualificaram a mão de obra e encorajaram a formação de conglomerados industriais, os *chaebols*, como a Hyundai e a Samsung. No final da década seguinte, o país empreendeu uma surpreendente mudança política, com a instalação de um regime democrático.

A Coreia do Norte, em contraste, experimentou um colapso econômico ligado ao término da Guerra Fria. Uma indústria obsoleta e um sistema agrícola coletivista e improdutivo, a falta de investimentos em tecnologia, a carência de terras para o cultivo num território que só exibe um quinto de superfície arável, enchentes e secas periódicas combinaram-se para gerar cíclicas crises de fome.

A escalada atual das tensões está ligada, antes de tudo, aos peculiares mecanismos sucessórios da estranha república norte-coreana. O líder comunista Kim Il-sung foi alçado ao poder pelos soviéticos e governou o país de 1948 até sua morte, em 1994. Seu filho e sucessor, Kim Jong-il, ocupou o poder pelos 17 anos seguintes, até falecer, em dezembro de 2011. O poder transferiu-se então para seu filho, o jovem Kim Jong-un, então com 30 anos. O primeiro Kim dirigiu a guerrilha antijaponesa e fundou o país. O segundo Kim não dirigiu nada, mas era uma liderança estabelecida do partido único quando assumiu o poder. Pai e filho são objetos de um culto oficial

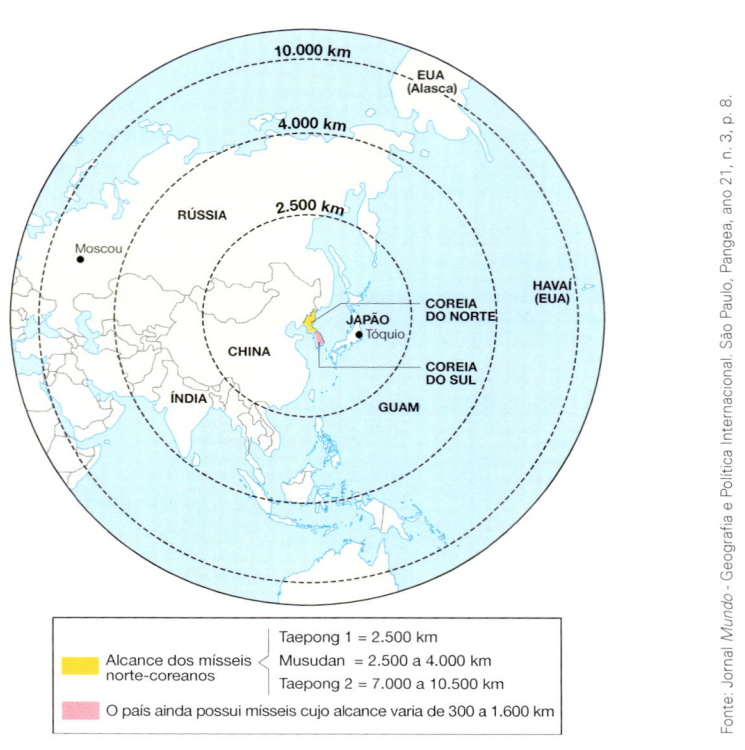

Fonte: Jornal *Mundo* - Geografia e Política Internacional. São Paulo, Pangea, ano 21, n. 3, p. 8.

O arsenal da Coreia do Norte.

extremado, quase religioso. O terceiro Kim, porém, carece inteiramente de currículo. Para se afirmar como núcleo do partido, do Exército e do regime, ele precisa provar seu valor no campo de batalha. A divulgação de testes nucleares e de mísseis, ameaças e insultos promovidos pelo sucessor é uma forma de substituir a guerra real, que teria funestas consequências.

As tensões se acirraram no primeiro semestre de 2013, quando teve início mais uma rodada anual de exercícios militares conjuntos das forças da Coreia do Sul e dos Estados Unidos. A Coreia do Norte, evidentemente, não é capaz de enfrentar os sul-coreanos e os norte-americanos. Contudo, seu arsenal abrange mísseis de alcance intermediário, como o Musudan, capazes de atingir bases norte--americanas do Pacífico (Guam e o Havaí), e mísseis intercontinentais, como o Taepong-2, teoricamente capazes de atingir o Alasca.

O cenário de tensões é dramatizado pelos avanços do programa nuclear norte-coreano. O país realizou um teste nuclear fracassado em 2006 e um segundo teste, com sucesso, em 2009. O terceiro teste, em fevereiro de 2013, envolveu uma bomba mais potente, porém, menor. Aparentemente, em poucos anos, o país será capaz de montar uma ogiva nuclear num míssil de longa distância. No início, o programa nuclear foi utilizado como instrumento de barganha política. Contudo, o estatuto de potência nuclear foi inscrito na nova constituição do país, o que indica que seu arsenal de armas de destruição em massa não mais está sujeito a negociações diplomáticas. Uma guerra na península não interessa a ninguém, mas escaladas de ameaças, como as de abril de 2013, poderiam abrir caminho para erros de cálculo desastrosos.

Japoneses e sul-coreanos têm motivos para temer o poderio nuclear da Coreia do Norte. A aliança militar com Washington e a presença de forças norte-americanas ainda os desencorajam a construir arsenais nucleares dissuasivos próprios. Também não se deve esquecer que nas proximidades da península coreana localizam-se duas potências nucleares: Rússia e China. A primeira tem olhado com atenção – mas sem se envolver – o que vem ocorrendo na região. Já a China é historicamente uma aliada da Coreia do Norte, mas tem revelado um crescente incômodo com as perigosas ambições militares de seu belicoso vizinho.

Américas: o continente das desigualdades

Ocontinente americano se estende do norte do Canadá ao sul da Argentina e Chile, englobando, nesse vasto espaço geográfico de mais de 42 milhões de km², 35 países, além de uma série de dependências coloniais e semicoloniais, especialmente na região do Caribe, onde inúmeras ilhas ainda mantêm laços com a Grã--Bretanha, a Holanda e a França.

Nesse imenso território vivem cerca de 950 milhões de pessoas, quase metade delas na América do Norte, espaço geográfico que engloba os Estados Unidos, Canadá e México. Os Estados Unidos, com seus 310 milhões de habitantes, concentram cerca de um terço do contingente demográfico das Américas.

O Brasil, com pouco mais de 200 milhões de habitantes, é a segunda nação mais populosa, abrigando quase 20% da população de todo o continente. Paradoxalmente, a América Central e o Caribe, região das Américas onde se localizam 20 países, abrigam apenas 9% do efetivo demográfico continental.

Em termos de geração de riquezas, tendo como referência os valores do PIB de 2012, há também uma grande disparidade entre os países. Os Estados Uni-

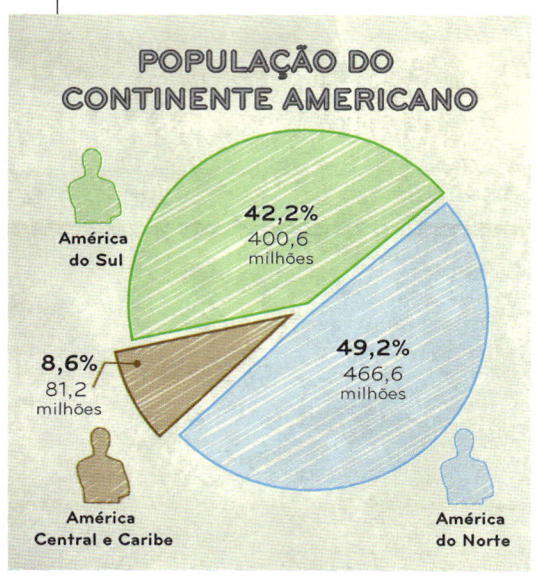

Fonte: *Almanaque Abril*, 2013.

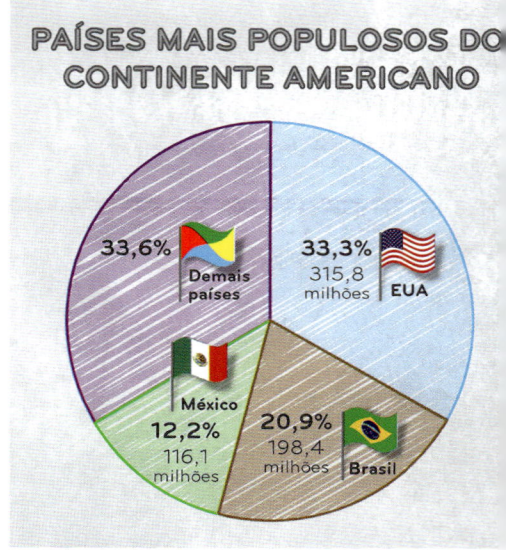

Fonte: *Almanaque Abril*, 2013.

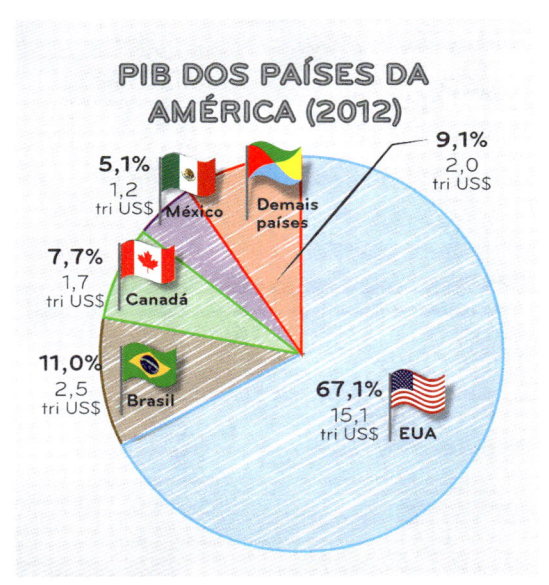

PIB DOS PAÍSES DA AMÉRICA (2012)

5,1%
1,2
tri US$ México

9,1%
2,0
tri US$ Demais países

7,7%
1,7
tri US$ Canadá

11,0%
2,5
tri US$ Brasil

67,1%
15,1
tri US$ EUA

Fonte: *Almanaque Abril*, 2013.

dos sozinhos são responsáveis pela geração de dois terços de todo o PIB continental, e se somarmos a ele os PIBs do Brasil, Canadá e México, teremos um pouco mais de 90% do total das riquezas geradas no continente americano.

Esses dados são apenas uma pequena amostra das grandes disparidades existentes no continente americano e do porquê de o continente ser considerado o mais desigual do planeta, especialmente quanto aos seus indicadores socioeconômicos.

Águas e fronteiras na Palestina

Uma lista de conhecidos obstáculos constituem entraves à solução da chamada Questão Palestina: a definição das fronteiras entre Israel e um futuro Estado palestino; o estatuto político da cidade de Jerusalém; o espinhoso tema dos refugiados palestinos; e o destino dos assentamentos de colonos judeus na Cisjordânia. Todavia, negligencia-se a importância das divergências sobre o controle de um recurso natural escasso, que são as águas superficiais e subterrâneas de Israel/Palestina.

A Palestina é a região histórico-geográfica que engloba o Estado de Israel e os territórios da Cisjordânia e da Faixa de Gaza. No conjunto da região, ao longo das últimas décadas, a escassez natural do chamado "ouro azul" tornou-se mais dramática com o crescimento acelerado da população e o consequente incremento da pressão sobre os recursos hídricos.

Praticamente, toda a porção meridional da Palestina apresenta climas áridos e semiáridos, e os principais recursos hídricos superficiais são representados pela bacia do rio Jordão, curso fluvial que tem suas nascentes em território sírio, nas estratégicas colinas de Golã, área onde convergem as fronteiras de Israel, Síria e Líbano. Com apenas 251 quilômetros de extensão e uma largura máxima de 30 metros, o rio Jordão tem sentido geral norte-sul e serve como suporte para um importante trecho da fronteira entre Israel e Jordânia.

A bacia do Jordão cobre cerca de um terço da superfície da Cisjordânia. Em seu médio e baixo vale, o rio flui sobre terrenos cujas cotas altimétricas estão abaixo do nível geral dos mares, como é o caso de sua foz no mar Morto, a maior depressão absoluta do mundo. Essa peculiaridade do Jordão se explica pelo fato de ele fazer parte do segmento setentrional do grande vale do Rift. Formado cerca de 35 milhões de anos atrás, como decorrência da separação das placas Africana e Arábica, o Rift é um complexo de falhas tectônicas que se estende por mais de 5 mil quilômetros, entre a Ásia Ocidental e a África Oriental.

O Jordão é um rio de pequeno débito fluvial. As maiores precipitações ocorrem no alto vale, mas não chegam a mil milímetros anuais. Ao longo de seu trajeto, dois locais chamam a atenção: o mar da Galileia, ou lago Tiberíades, e o mar Morto. Atravessado e alimentado pelas águas do Jordão,

A bacia do rio Jordão.

verifica desde a década de 1950, tem contribuído para a diminuição do caudal do Jordão a jusante, afetando áreas da Jordânia, da Cisjordânia e do mar Morto. Este mar fechado se destaca por sua grande salinidade, cerca de dez vezes maior que a encontrada nos oceanos. Fruto de uma conturbada história geológica, o mar é abastecido essencialmente pelas águas do rio Jordão.

Até a década de 1950, o fluxo de água que alimentava o mar Morto se equiparava à taxa de evaporação, mantendo estável o nível das águas. O uso crescente dos recursos hídricos da bacia por Israel – e, em escala bem menor, pela Jordânia e Síria – reduziram drasticamente o fluxo de água do rio que chegava ao mar Morto. Juntando-se a isso a poluição e os efeitos de atividades industriais (extração de sal e fosfatos) e turísticas, o mar perdeu cerca de 30% de sua superfície original. Em 1960, o nível da superfície do mar encontrava-se 395 metros abaixo do nível dos mares; hoje, está a 425 metros, e experimentando rebaixamento de um metro por ano. Em 2005, Israel, Jordânia e a Autoridade Nacional Palestina formalizaram um acordo de construção de um duto para transferir a água do mar Vermelho, a fim de evitar o total ressecamento do mar Morto. O projeto, até agora, não evoluiu. Ambientalistas aler-

o mar da Galileia e suas circunvizinhanças foram, na Antiguidade, cenários bíblicos ligados à vida de Jesus.

De um ponto de vista geopolítico, o mar da Galileia têm importância vital para Israel, pois de lá é retirada a água que, através do Aqueduto Nacional, abastece grande parte do país. A contínua e volumosa retirada de água, que se tam que ele alteraria a química peculiar do mar e sugerem que o ideal seria recuperar as águas do Jordão.

O volume de água renovável da bacia é de aproximadamente 2,4 bilhões de m³; sua utilização crescente já atinge a marca de 3 bilhões. Para suprir esse déficit, a saída tem sido retirar água de lençóis freáticos, que não têm capacidade de reposição na mesma velocidade da retirada. As formas de obtenção de água por meios industriais, como a reciclagem e a dessalinização, são caras e insuficientes.

A exploração dos recursos hídricos regionais representa mais um fator nas complexas disputas sobre algumas áreas da bacia, como as colinas de Golã e a Cisjordânia, territórios ocupados por Israel na Guerra dos Seis Dias (1967). No imaginário israelense, a água tem uma dimensão "filosófica", ligada à ideia do deserto que floresce e que remonta aos primeiros imigrantes na Palestina, no final do século XIX. Israel enxerga as águas do Jordão sob o prisma da segurança nacional, e isso representa um enorme obstáculo para a eventual devolução das colinas de Golã à Síria e da Cisjordânia aos palestinos.

Um tesouro no subterrâneo da Cisjordânia

As montanhas da Cisjordânia não são muito altas, mas por sua disposição no sentido geral norte-sul dividem a região em duas áreas pluviométricas. A parte oeste é mais úmida, e a porção oriental, mais seca.

São três os principais aquíferos da região: o ocidental, o do norte e o oriental. No aquífero ocidental, as águas escoam em direção oeste e são alimentadas por chuvas. Essa região concentra cerca de 90% do volume pluviométrico da Cisjordânia. O aquífero tem uma série de poços que estão do outro lado da "linha verde", isto é, da fronteira israelense definida pela ONU após a guerra de 1948-1949. Israel tem o controle de 80% desses recursos. Na

LÍBANO

MAR
MEDITERRÂNEO

MAR DA
GALILEIA

Rio Jordão

Cisjordânia

ISRAEL

MAR
MORTO

Faixa de Gaza

ISRAEL

EGITO

JORDÂNIA

30 km

Aquífero ocidental   ---- Limites da Cisjordânia

Aquífero oriental   —— Muro de segurança

Aquífero do norte   —— Aqueduto nacional

s grandes aquíferos da
isjordânia.

área do aquífero do norte, existem também poços localizados do outro lado da "linha verde", o que permite a Israel captar cerca de 70% do suprimento de água.

O aquífero oriental é o de menor volume de água e não participa do abastecimento de água de Israel, mas tem servido para suprir os assentamentos de colonos israelenses que, desde a Guerra dos Seis Dias, em 1967, vêm se expandindo nessa porção da região. Em linhas gerais, Israel tem sob seu controle cerca de 80% dos recursos hídricos da Cisjordânia.

A construção por Israel do muro de segurança na Cisjordânia, a partir de 2002, deflagrou um golpe complementar na soberania hidráulica dos palestinos. O traçado do muro separou territórios, sob administração da Autoridade Nacional Palestina, de poços que eram, há muito, utilizados pela população palestina. Hoje, essa população depende da boa vontade das autoridades israelenses para o uso dos antigos poços.

A persistência da pobreza no mundo

Os anos terminados em zero despertam grandes expectativas e o desejo de provocar substanciais mudanças de rumo. Talvez por isso, em setembro de 2000, a ONU definiu solenemente um conjunto de objetivos globais de desenvolvimento e combate à miséria, que ganharam o ambicioso rótulo de Metas do Milênio.

O compromisso, firmado pelos 191 países-membros, na época, tomou como ponto de partida a situação social do mundo em 1990 e enumerou oito objetivos a serem atingidos até 2015, por meio de iniciativas políticas práticas dos governos e das sociedades. De modo geral, as Metas do Milênio pretendem retirar mais de 500 milhões de pessoas da extrema pobreza, impedir que mais de 300 milhões passem fome e evitar que 30 milhões de crianças morram antes de completar cinco anos. Escrever é, obviamente, mais fácil que fazer.

O objetivo número 1 é **erradicar a extrema pobreza e a fome**. Em 1990, cerca de 1,2 bilhão de pessoas sobreviviam com menos de um dólar por dia, a linha escolhida para demarcar a condição de miséria. Na última década, o panorama mudou positivamente, ao menos em quase 50 países. Nesses países, que abrigam cerca de 60% da população mundial, registram-se avanços significativos rumo à meta de 2015, expressos pela redução à metade do número de pessoas que ganham quase nada e, por falta de emprego e renda, sobrevivem em situação de fome crônica.

Todavia, os benefícios do crescimento econômico distribuíram-se muito desigualmente entre os países e no interior deles. As maiores desigualdades são encontradas na América Latina/Caribe e na África Subsaariana. A crise econômica global que eclodiu em 2008 truncou a redução da miséria. Entretanto, mesmo sem ela, o objetivo dificilmente será cumprido no horizonte de 2015, especialmente na Ásia Meridional e na África.

O segundo objetivo consiste em **universalizar o ensino básico**. Nos últimos dez anos, verificaram-se progressos, com significativos aumentos na parcela de crianças matriculadas em escolas de ensino básico nos países em desenvolvimento. As matrículas cresceram de 80% do total de crianças, em 1991, para pouco mais de 90%. Todavia, em escala global, mais de 100 milhões de crianças em idade escolar continuam sem ensino. A maioria dessas crianças, por razões óbvias, ainda que lamentáveis, é formada por meninas.

O terceiro objetivo, de largas implicações políticas, é **promover a igualdade entre os sexos e a autonomia das mulheres**. A desigualdade entre homens e mulheres começa cedo e deixa as pessoas do sexo feminino em desvantagem para o resto da vida. Nos últimos anos, a participação feminina em trabalhos remunerados não agrícolas cresceu pouco. Os maiores ganhos foram no sul e no oeste da Ásia e na Oceania. Na África do Norte muçulmana, a melhora foi insignificante: apenas um em cinco trabalhadores nessas regiões é do sexo feminino, e a proporção quase não se alterou na última década.

Eis o quarto objetivo: **reduzir a mortalidade infantil**. As taxas de mortalidade infantil (bebês e crianças até cinco anos) retrocederam nos últimos anos em todo o mundo, mas o progresso foi muito diferenciado. Mais de 10 milhões de crianças ao redor do globo, especialmente na África Subsaariana, ainda morrem anualmente antes de completar cinco anos. A maioria dessas mortes é resultado de enfermidades que poderiam ser evitadas ou tratadas. São, portanto, mortes econômicas e políticas, essencialmente.

O quinto objetivo é **melhorar a saúde maternal**. Complicações na gravidez ou no parto matam mais de meio milhão de mulheres por ano e cerca de 10 milhões delas ficam com sequelas. As disparidades mundiais são imensas: 1 em cada 16 mulheres morre durante o parto na África Subsaariana, enquanto nos países desenvolvidos essa taxa é de apenas 1 para cada 3,8 mil. Há sinais de progresso em áreas mais críticas, com mais mulheres em idade reprodutiva ganhando acesso a cuidados pré e pós-parto.

Como sexto objetivo, fixou-se o **combate à difusão da aids, da malária e outras doenças**.

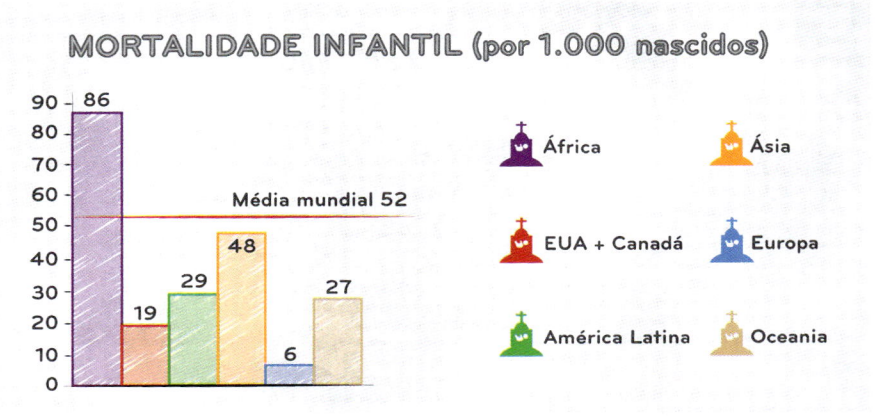

MORTALIDADE INFANTIL (por 1.000 nascidos)

Média mundial 52

África | Ásia
EUA + Canadá | Europa
América Latina | Oceania

Fonte: *Atlas de la population mondiale*. Pison, Gilles, Autrement, 2009.

Em amplas regiões do mundo, epidemias continuam a dizimar gerações, cortando as vias para o desenvolvimento. Diariamente, quase sete mil pessoas são infectadas pelo vírus HIV e cerca de seis mil delas morrem em consequência da aids, a maioria por falta de prevenção e tratamento. A esperança é que as experiências vitoriosas de campanhas de informação e tratamento realizadas no Brasil, Senegal e Uganda se disseminem para outros países, especialmente os da África austral.

As duas últimas metas são **garantir a sustentabilidade ambiental** e **estabelecer uma parceria mundial para o desenvolvimento**. Quanto ao primeiro, há um dado alentador: a proporção de áreas protegidas em todo o mundo tem aumentado sistematicamente. Quanto à questão da água, a meta de reduzir em 50% o número de pessoas sem acesso à água potável deverá ser cumprida em 2015, mas a melhoria das condições de acesso a ela e ao saneamento em favelas e bairros pobres progride apenas muito lentamente.

O balanço tem se mostrado contraditório. Importantes melhorias foram alcançadas, mas tudo indica que poucos dos objetivos serão plenamente cumpridos em 2015. Os obstáculos são imensos e envolvem desde o contínuo crescimento demográfico (especialmente nos países pobres) até a eclosão de conflitos geopolíticos, passando pela interferência de crises econômicas globais e pela falta de vontade política dos governos. Não acontecerá um fracasso absoluto. Mas a miséria extrema persistirá, em larga escala, na paisagem humana global das próximas décadas.

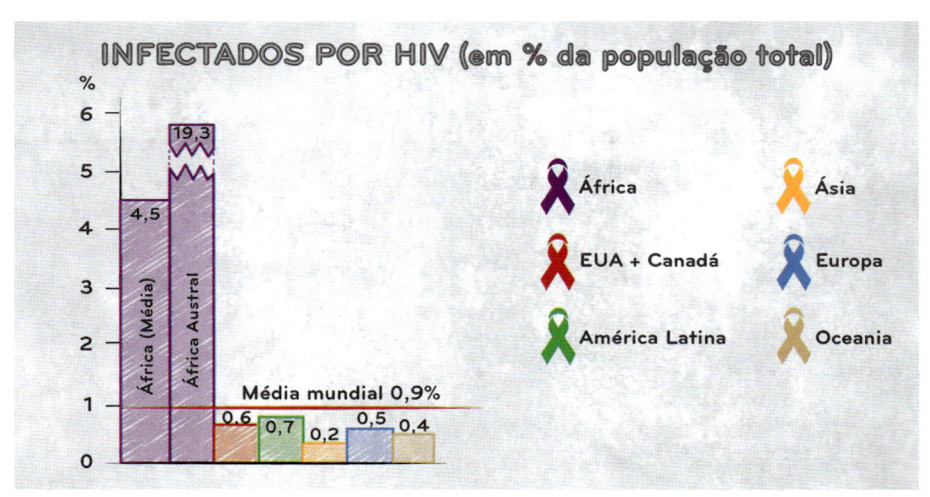

Fonte: *Atlas de la population mondiale*. Pison, Gilles, Autrement, 2009.

O novo papa e o mundo católico

Em março de 2013, o mundo religioso e o católico, em particular, foram surpreendidos pela renúncia do papa Bento XVI, um fato que não acontecia há séculos. Alguns dias após, o Colégio de Cardeais, responsável pela escolha do papa, em conclave no Vaticano, escolheu o novo chefe da Igreja Católica, e houve uma nova surpresa: pela primeira vez na história do catolicismo o escolhido foi um cardeal da América Latina, o argentino Jorge Mario Bergoglio. Esses fatos ensejaram que se lançasse um olhar sobre a dinâmica demográfica do mundo católico.

Atualmente, os católicos representam cerca de metade dos seguidores do cristianismo e, em termos geográficos, estão numericamente mais concentrados na América Latina e Europa, embora os continentes nos quais o cristianismo mais venha crescendo nos últimos tempos sejam o africano e o asiático.

No último século, houve uma modificação radical na distribuição dos católicos no mundo. Em 1900, a soma do número de católicos de todas as demais regiões do mundo não chegava à metade do contingente de católicos existente na Europa. Naquela época, o número de europeus seguidores do catolicismo era cerca de três vezes maior que o existente na América Latina.

Passado pouco mais de um século, o contingente de católicos latino-americanos é aproximadamente 1,5 vezes maior que o de

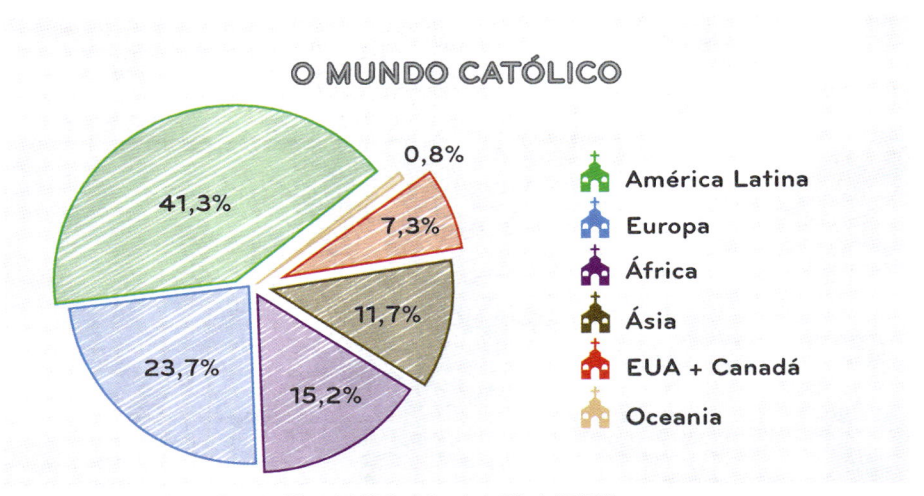

O MUNDO CATÓLICO

- 41,3%
- 0,8%
- 7,3%
- 11,7%
- 23,7%
- 15,2%

- América Latina
- Europa
- África
- Ásia
- EUA + Canadá
- Oceania

Fonte: *Pew Research Center. Folha de S.Paulo* (13/2/13). *O Estado de S.Paulo* (17/2/13).

europeus, e a soma dos adeptos do catolicismo na África e Ásia já supera o número daqueles que professam essa religião na Europa.

Todavia, o Colégio de Cardeais não acompanhou as mudanças ocorridas na dinâmica demográfica do catolicismo. No último conclave, pouco mais da metade dos cardeais era constituída de europeus. De certa forma, reconheceu-se a importância dessa nova dinâmica demográfica com a escolha de um papa originário da América Latina, o continente com maior número de católicos.

No que se refere aos países com maior número de católicos no mundo, três são da América Latina: Brasil (150 milhões), México (100 milhões) e Argentina (36 milhões). Na Europa, os destaques ficam para Itália (57 milhões), França (45 milhões), Espanha (42 milhões) e Polônia (35 milhões), país de origem de João Paulo II, papa que antecedeu o alemão Bento XVI, que renunciou. Na Ásia, o país com maior contingente de católicos são as Filipinas (72 milhões), e na África, a República Democrática do Congo (36 milhões).

Nas últimas décadas, por uma combinação de fatores, tanto na América Latina como na Europa, a participação dos católicos no conjunto da população vem apresentando expressiva diminuição. Isso pode ser constatado, por exemplo, no caso brasileiro, onde é significativo o crescimento dos cultos evangélicos.

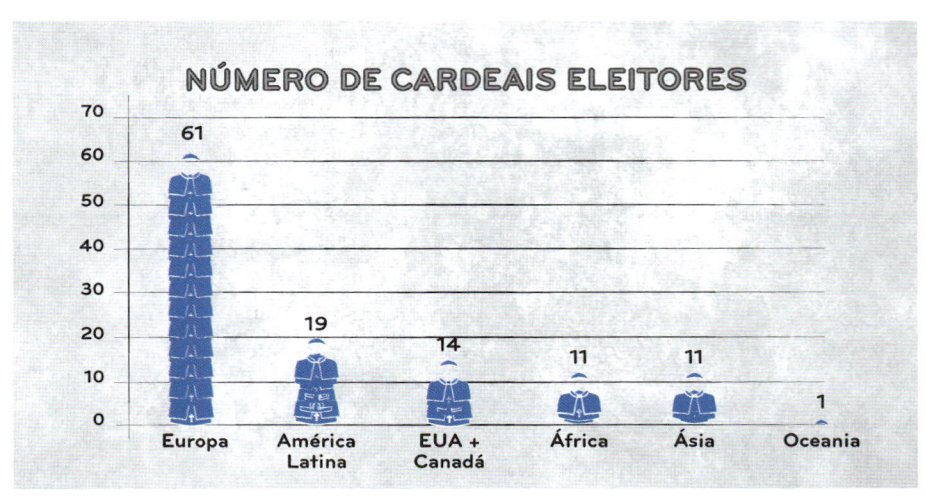

Fonte: *Pew Research Center. Folha de S.Paulo* (13/2/13). *O Estado de S.Paulo* (17/2/13).

A adesão da Croácia e o futuro da União Europeia

Em 2013, a União Europeia (UE) acolheu a Croácia como o vigésimo oitavo membro da organização. Desde 1957 – quando foi criada a Comunidade Europeia, embrião da UE atual –, os países do bloco definiram dois grandes objetivos a serem perseguidos. O primeiro era o de aprofundar o relacionamento entre os países-membros e o segundo, o de ampliar o número de seus integrantes. A integração vertical conheceu um forte avanço em 1992, quando o Tratado de Roma, até então o documento básico do bloco, foi substituído pelo Tratado de Maastricht, fonte da moeda comum.

A ampliação horizontal avançou gradativamente, a partir do núcleo original dos seis signatários do Tratado de Roma (França, Alemanha Ocidental, Itália, Holanda, Bélgica e Luxemburgo). Nos anos 1960, foram incorporadas a Grã-Bretanha, a Irlanda e a Dinamarca. Na década seguinte, o bloco admitiu Portugal, Espanha e Grécia, a "periferia mediterrânica". Nos anos 1990, ingressaram na UE a Áustria, a Suécia e a Finlândia.

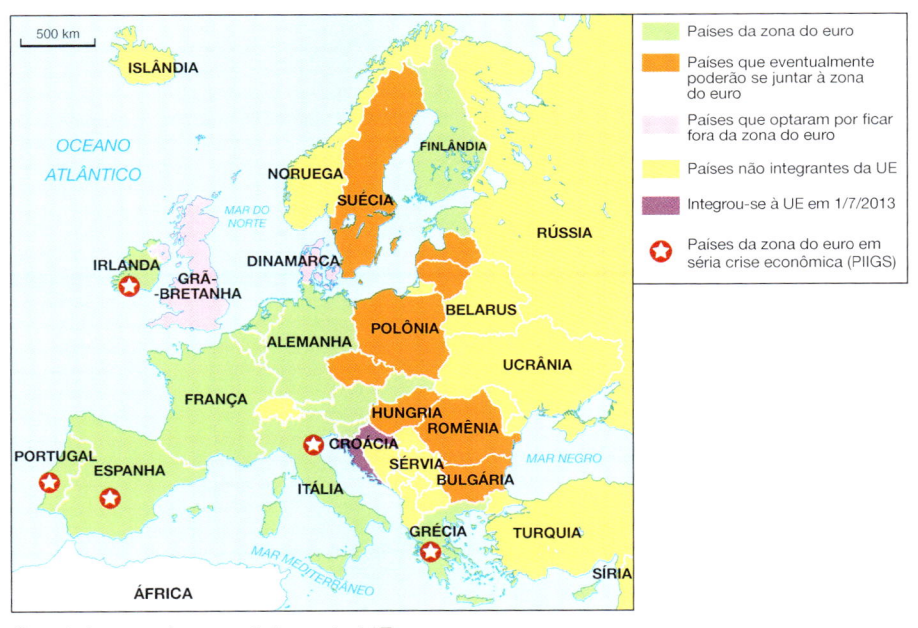

Caminhos e descaminhos da UE.

Com a queda do Muro de Berlim e o encerramento da Guerra Fria, o alargamento gradativo deu um salto impressionante. Na primeira década do século XXI, foram aceitos doze novos membros. Em 2004, dez países foram incorporados, inclusive nações que haviam pertencido ao bloco soviético da Europa Oriental (Polônia, Hungria, República Tcheca e Eslováquia), as três repúblicas bálticas, integrantes da antiga União Soviética (Estônia, Letônia e Lituânia), a ex-república iugoslava da Eslovênia, além dos pequenos Estados insulares de Chipre e Malta, antigas colônias britânicas. Três anos mais tarde, passaram a fazer parte do bloco a Romênia e a Bulgária, antigos satélites soviéticos. A Europa dos Seis, de 1957, transformou-se, meio século depois, na Europa dos Vinte e Sete.

Situada na península Balcânica, a Croácia é um Estado recente, oriundo do desmembramento da Iugoslávia na primeira metade da década de 1990. Ao lado da Eslovênia, o país figurava como a república mais próspera da antiga Iugoslávia, um Estado federal criado pelo marechal Josip Broz Tito, em 1945. O novo integrante da UE possui pouco mais de 56

A minoria sérvia na Croácia.

Fonte: Jornal *Mundo* – Geografia e Política Internacional. São Paulo, Pangea, ano 20, n. 3.

64

mil km², extensão comparável ao estado da Paraíba, e uma população de aproximadamente 4,5 milhões de habitantes.

A guerra é uma memória viva entre os croatas. Entre 1991 e 1995, o país atravessou um sangrento conflito, que contrapôs a maioria croata (85% da população) à minoria sérvia. Os sérvios étnicos, que há muito habitavam territórios croatas junto à fronteira com a Bósnia, não aceitavam viver numa Croácia independente. No início das hostilidades, líderes sérvios proclamaram a efêmera República Sérvia de Krajina, que existiu até 1995.

A guerra, vencida naquele ano pelo governo croata, deixou cerca de 20 mil mortos. Grande parte da população de origem sérvia residente na Croácia buscou refúgio na Bósnia e na Sérvia – ou pereceu nos combates. Segundo o governo croata, atualmente os sérvios correspondem a 4,5% da população total. Fontes não oficiais, contudo, asseguram que a população remanescente de sérvios étnicos é bem inferior ao divulgado.

O processo de incorporação da Croácia começou em 2003, com um pedido de adesão, mas se arrastou de impasse em impasse.

A primeira dificuldade foi o cumprimento dos rigorosos critérios econômicos impostos pelo bloco europeu. Durante algum tempo, as negociações esbarraram na oposição da Eslovênia, com a qual a Croácia possui algumas questões fronteiriças não totalmente resolvidas. Por fim, havia a exigência de que o governo croata se empenhasse mais ativamente na captura de militares acusados de crimes de guerra, mas considerados heróis por parcela da população. O mais famoso deles, Ante Gotovina, foi condenado em 2011 pelo Tribunal Penal Internacional de Haia.

O Parlamento Europeu aprovou a entrada da Croácia em dezembro de 2012. Em referendo, no mês seguinte, cerca de dois terços dos eleitores croatas confirmaram a adesão. A incorporação da república tão profundamente envolvida nas guerras que acompanharam a implosão da Iugoslávia pode abrir as portas para a entrada da Sérvia, da Macedônia, da Bósnia, de Montenegro e, quem sabe, até de Kosovo. Em meio à crise econômica que eclodiu em 2008 e que abalou os seus alicerces econômicos e políticos, a UE empurra suas fronteiras até o núcleo da antiga Iugoslávia.

O Brics, os próximos 11 e o Mist

Um dos sintomas do policentrismo do mundo atual foi o sucesso da sigla Bric. Ela foi usada pela primeira vez em 2001, por Jim O'Neill, chefe de pesquisas econômicas de um dos maiores bancos globais de investimento, que identificava um grupo heterogêneo de economias emergentes formado por quatro países: Brasil, Rússia, Índia e China. A sigla identifica esses quatro países por suas primeiras letras.

Em 2010, os integrantes do grupo decidiram incluir um novo país: a África do Sul, acrescentando um S (de South África) à sigla original. Todavia, vale lembrar que a inclusão da África do Sul no grupo não foi proposta por O'Neill, mas foi uma decisão política dos quatro membros com o objetivo de encorpar o grupo com a adesão de um país africano, justamente aquele que produz cerca de 20% das riquezas da África.

O Brics já tem e deverá ter um grande aumento de sua participação na geração das riquezas do mundo, e passará a ter, assim, maior influência na formulação de políticas globais. As previsões de O'Neill, em 2001, indicavam que, em 2040, o PIB combinado dos quatro países poderia ultrapassar o do G-7 (os sete países mais ricos do mundo).

Tudo indica que essas previsões serão ultrapassadas. Desde 2009, a China já é detentora do segundo maior PIB do mundo, e, segundo analistas, deverá "empatar" com o dos Estados Unidos por volta de 2020. Atualmente, o Brics representa quase 20% do PIB mundial, tem participação semelhante e crescente no comércio internacional e abriga cerca de dois quintos da população do planeta.

Vale lembrar, no entanto, que os quatro países têm interesses nacionais distintos, tanto no campo dos temas globais – utilização de energia, mudanças climáticas, meio ambiente, democracia e direitos humanos – como no que se refere ao comércio internacional. Rússia e China são potências nucleares e membros permanentes do Conselho de Segurança da ONU. A Índia é uma potência nuclear regional. O Brasil é uma potência regional que optou por não desenvolver um arsenal nuclear.

Contudo, os quatro compartilham a aspiração de aumentar seus pesos na tomada de decisões internacionais. Mas deve-se destacar que, do ponto de vista econômico, o peso do Brics está concentrada na letra "C" do acrônimo: o PIB chinês é maior que a soma dos demais quatro membros do bloco.

Em 2005, Jim O'Neill, fez uma nova avaliação dos países emergentes. Ele não só confirmou que os países componentes do Bric continuavam crescendo muito – com a China muito à frente –, como indicou que outros países emergentes poderiam estar, por volta de 2040, na mesma posição que o Brics.

Ele então enumerou 11 países que denominou de "os próximos 11" (*next eleven*). Foram eles: México, Egito, Nigéria, Turquia, Irã, Paquistão, Bangladesh, Vietnã, Indonésia, Filipinas e Coreia do Sul. À época que O'Neill divulgou esse novo relatório, cinco dos onze países indicados tinham mais que 100 milhões de habitantes (Indonésia, Paquistão, Bangladesh, Nigéria e México), e os demais abrigavam mais de 40 milhões. Também em 2005, três dos onze tinham um PIB superior a 650 bilhões de dólares (Coreia do Sul, México e Turquia), dois possuíam um PIB entre 200 e 650 bilhões (Indonésia e Irã) e os demais apresentavam um PIB abaixo de US$ 200 bilhões, sendo os menores os de Bangladesh e do Vietnã.

O relatório projetava alguns cenários para 2050. Por exemplo, indicava que as economias do México e da Indonésia seriam maiores que a do Japão. Salientava também que em 2050 o PIB combinado dos países que compunham o G7 seria de aproximadamente 65 trilhões de dólares, o dos países do Bric teria cerca do dobro desse valor, e o do *next eleven* seria de US$ 43 trilhões. Mas, como a realidade é muito dinâmica, pode trazer algumas surpresas.

Recentemente, alguns dos países desse grupo dos 11 vêm apresentando expressivo crescimento econômico, a ponto de alguns analistas os designarem pelo acrônimo Mist – México, Indonésia, Coreia do Sul (South Korea) e Turquia. Segundo dados de 2011, os PIBs desses quatro países eram os seguintes: o mais alto era o do México (US$ 1,2 trilhão), seguido da Coreia do Sul (1,1 trilhão), Indonésia (847 bilhões) e Turquia (774 bilhões).

Uma flor de papoula na lapela

No dia 11 de novembro de 2012, quem assistiu aos jogos da *Premier Ligue* – a liga principal do futebol inglês – talvez tenha percebido que jogadores, árbitros, técnicos e parte considerável dos espectadores tinham uma flor vermelha de papel na lapela.

Antes do início das partidas, os jogadores e árbitros se postaram no centro do gramado e, juntamente com a plateia, fizeram dois minutos de silêncio. A rápida cerimônia, repetida em todos os campos de futebol da Inglaterra, lembrava que no dia 11 de novembro de 1918, exatamente às 11 horas da manhã, começava o armistício que havia colocado fim à Primeira Guerra Mundial, iniciada em 1914. Para os europeus, o conflito é conhecido como a "Grande Guerra", e, em 2014, completou um século de seu início.

Desde 1921, especialmente na Inglaterra, sempre no dia 11 de novembro comemora-se o *Remembrance Day*, o Dia da Recordação. A flor vermelha estampada na lapela era a flor de papoula, que se tornou o símbolo do armistício e da memória de todas as vítimas do conflito. Em vários países do mundo, comemora-se nesse dia o Dia do Veterano.

Algumas das batalhas mais cruentas da Primeira Guerra aconteceram na área de Flandres, região norte da Bélgica. Nessa região, após o término do conflito, papoulas floresceram em grande quantidade, formando campos de coloração avermelhada, que remetiam à lembrança do tributo em sangue dos que morreram nas batalhas que ali ocorreram. Isso inspirou o médico canadense John McCrae, um participante do conflito, a escrever o poema "Nos campos de Flandres", que acabou por tornar essas flores um símbolo em homenagem aos soldados que ali tombaram.

Nos campos de Flandres

Nos campos de Flandres as papoulas estão florescendo entre as cruzes que em fileiras e mais fileiras assinalam nosso lugar; no céu as cotovias voam e continuam a cantar heroicamente, e mal se ouve o seu canto entre os tiros cá embaixo.

Somos os mortos... Ainda há poucos dias, vivos, ah! nós amávamos, nós éramos amados; sentíamos a aurora e víamos o poente a rebrilhar, e agora eis-nos todos deitados nos campos de Flandres.

Continuai a lutar contra o nosso inimigo; nossa mão vacilante atira-vos o archote: mantende-o no alto. Que, se a nossa fé trairdes, nós, que morremos, não poderemos dormir, ainda mesmo que floresçam as papoulas nos campos de Flandres.

(In: Flandres Fields, *de John McCrae, 1915, tradução de Abgar Renault.)*

Na Grã-Bretanha, a flor da papoula é o símbolo usado pela Legião Real Britânica, que dá apoio financeiro, social e emocional aos soldados que serviram ou ainda participam nos conflitos em várias partes do mundo. Além disso, a Legião recebe doações e utiliza o dinheiro arrecadado no Dia do Armistício – com a venda das flores de papel às pessoas para serem colocadas na lapela – para ajudar milhares de ex-soldados e suas famílias em todo o mundo.

Stalingrado e seu "Círculo de Fogo"

A história da humanidade já foi descrita como uma sucessão quase contínua de guerras – e Thomas Hobbes (filósofo inglês do século XVII) chegou a caracterizar os tempos de paz como nada além de intervalos mais ou menos longos nos quais se fazia a guerra por outros meios. A primeira metade do século XX se adapta a essa caracterização de Hobbes. Para muitos, a Segunda Guerra Mundial (1939-1945), que fechou aquele ciclo, divide-se em dois períodos militares: antes e depois da Batalha de Stalingrado.

Numa guerra, as batalhas variam segundo critérios de intensidade, duração e número de vítimas. Algumas são consideradas mais decisivas que outras, porque tiveram o dom de mudar o curso dos conflitos. Na cidade russa de Stalingrado, a atual Volgogrado, entre setembro de 1942 e fevereiro de 1943, deu-se um desses raros enfrentamentos nos quais jogava-se a sorte grande. A União Soviética venceu, a Alemanha nazista perdeu. Depois dela, as forças de Hitler recuaram quase ininterruptamente, até a capitulação final.

A Batalha de Stalingrado pode ser contada sob diversos ângulos e continua a ser explorada pela literatura e pelo cinema. A derrota imposta à Alemanha na cidade

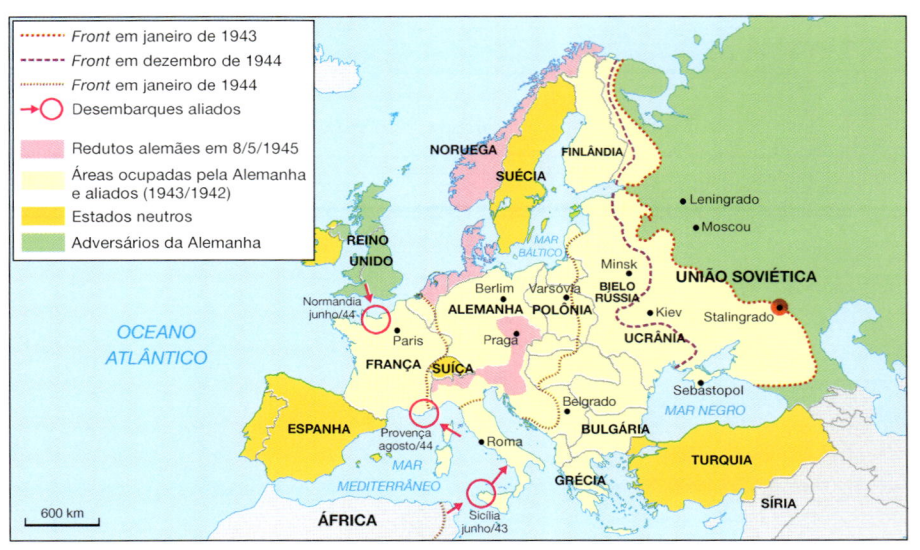

Front em janeiro de 1943
Front em dezembro de 1944
Front em janeiro de 1944
Desembarques aliados

Redutos alemães em 8/5/1945
Áreas ocupadas pela Alemanha e aliados (1943/1942)
Estados neutros
Adversários da Alemanha

Fonte: Jornal *Mundo* – Geografia e Política Internacional. São Paulo, Pangea, ano 20, n. 5

O declínio da Alemanha nazista após Stalingrado.

do Volga teve impacto profundo em toda a sequência do conflito. Ali se iniciou a ofensiva soviética que expulsaria as forças nazistas do território da União Soviética e, em seguida, se desdobraria numa gradativa, mas contínua, libertação dos países do Leste Europeu, culminando com a tomada de Berlim, em maio de 1945.

Pouco antes do ato final da guerra na Europa, em março de 1945, percebendo que a vitória aliada era iminente, os "Três Grandes" (Joseph Stalin, pela União Soviética; Winston Churchil, pela Grã-Bretanha; e Franklin Roose-velt, pelos Estados Unidos) reuniram-se em Yalta para desenhar o mundo do pós-guerra. Na conferência, decidiu-se que, em virtude das dimensões de seu tributo em sangue e também das realidades militares no terreno, os soviéticos exerceriam uma influência fundamental sobre o Leste Europeu, após o fim do conflito. De certo modo, o Plano Marshall, a Otan (Organização do Tratado do Atlântico Norte) e o Pacto de Varsóvia, estruturas basilares da Guerra Fria, tiveram suas raízes fincadas nas ruas e campos gelados da Stalingrado no inverno de 1942-1943.

O cinema e a batalha de Stalingrado

Círculo de Fogo (Enemy at the Gates, 2001), dirigido por Jean-Jacques Annaud, encontrou inspiração em fatos reais. O filme aborda o duelo entre dois atiradores de elite – o russo Vassili Zaitsev e o alemão major Koning – em meio à batalha de Stalingrado.

O tema de fundo é a discussão de como a propaganda forma um herói. Vassili, que se revela um exímio atirador, foi "descoberto" por Danilov, um comissário político responsável pela propaganda de guerra. Os feitos de um herói representam a esperança das pessoas comuns em uma situação-limite. O atirador russo funcionou como estímulo para a manutenção da moral da resistência contra os nazistas. Por isso, do ponto de vista alemão, devia ser eliminado. Era essa a missão do major Koning, enviado à Stalingrado pelo Estado-Maior alemão.

Zaitsev não foi eliminado por Koning e recebeu diversas condecorações do governo soviético. Em Stalingrado, foram vítimas de sua mira certeira 242 soldados e oficiais alemães. Morreu em 1991, aos 76 anos. Em Volgogrado, há uma estátua em sua homenagem.

Palestina: cartografia de um conflito sem fim

Selecionar os principais fatores que auxiliem no entendimento do que ocorre na Palestina não é fácil. Uma resenha cartográfica da "dança" das fronteiras, em momentos-chave da história da região, fornece elementos para uma melhor compreensão da evolução geopolítica dessa conturbada área do mundo.

1. Antecedentes

Desde a Antiguidade, a Palestina foi dominada por inúmeros povos, como assírios, babilônios, hebreus e romanos. Do século XVI até o final da Primeira Guerra Mundial (1918), a região esteve sob o domínio do Império Otomano. A derrota otomana no conflito fez com que a Palestina fosse convertida num mandato britânico, que se estendeu até 1947.

2. O plano de partilha da Palestina pela ONU (1947)

Após o fim da Segunda Guerra Mundial (1945), em função da

Plano de partilha da ONU.

grande migração de judeus europeus para a Palestina, os conflitos com a majoritária população árabe ali presente se acirraram. Incapaz de controlar a situação, a Grã-Bretanha passou a questão para ONU, que elaborou um plano de partilha da Palestina em dois Estados, um árabe e outro judeu. Em maio de 1948, a Assembleia Geral da ONU aprovou o plano, e, imediatamente, os líderes judeus proclamaram o Estado de Israel.

Porém, o plano foi recusado por grande parte da população árabe da Palestina e pelos países árabes vizinhos, que foram à guerra contra Israel.

3. Israel entre 1949 e 1967

Em 1949, ao final do conflito vencido por Israel, o Estado árabe desapareceu. Parte dele foi incorporada por Israel e o restante por outros países árabes. A região da Cisjordânia ficou sob controle da Jordânia, e a Faixa de Gaza, do Egito. A cidade de Jerusalém foi dividida em duas partes: o setor ocidental, controlado por Israel, e a porção leste, pela Jordânia.

Centenas de milhares de árabes da Palestina fugiram ou foram expulsos pelos israelenses, tornando-se refugiados em países vizinhos.

4. A Guerra dos Seis Dias (1967)

A vitória militar israelense na guerra de 1948-1949 acirrou o ódio árabe a Israel e lançou as sementes de novos conflitos, como os que ocorreriam em 1956 (Crise de Suez), em 1967 (Guerra dos Seis Dias) e em 1973 (Guerra do Yom Kippur). Desses, o mais importante foi o de 1967, cujas consequências territoriais na Palestina estão no cerne das discussões atuais sobre a criação de um Estado palestino. Em seis dias, Israel derrotou as forças do Egito, Síria e Jordânia, conquistando a Faixa de Gaza, a península do Sinai, a Cisjordânia, Jerusalém Oriental e as colinas de Golã.

Novamente, um grande número de palestinos buscou refúgio nos países vizinhos, e milhares deles ficaram submetidos ao controle de Israel nos novos territórios conquistados.

Fronteiras fixadas pelo plano de partilha da ONU
Fronteiras de Israel após a guerra de 1948/49
Anexações israelenses
Incorporado à Jordânia
Incorporado ao Egito

Israel entre 1949 e 1967.

Conquistas israelenses na Guerra dos Seis Dias.

5. Acordos de Oslo (1993-1995)

O período que vai do final da guerra de 1967 até 1993 foi marcado por muitas tensões e confrontos entre palestinos e israelenses. Todavia, em termos de mudanças territoriais, o que de mais importante ocorreu foi a ilegal e contínua implantação e expansão de colônias judaicas nos territórios ocupados, especialmente na Cisjordânia e Jerusalém Oriental, fruto da combinação entre incentivos do governo israe-

Dinâmicas territoriais após os Acordos de Oslo.

lense e do fanatismo religioso de organizações judaicas.

Em 1993, um acordo histórico entre Israel e os palestinos (Oslo I) definiu áreas de autonomia palestina em grande parte da Faixa de Gaza e em torno da cidade de Jericó, na Cisjordânia. Em 1995,

74

um novo acordo (Oslo II) delimitou três zonas na Cisjordânia:
uma de controle exclusivo da
Autoridade Palestina (3% do território), outra de soberania compartilhada (27%), e uma terceira
com controle exclusivo de Israel
(70%). Por inúmeras razões, os
termos desse acordo praticamente
não foram aplicados.

6. Cisjordânia: no meio do caminho havia um muro... (2002-?)

No início do século XXI, aconteceu um novo período de tensões
e confrontações decorrentes da
frustração palestina com a virtual
falência dos Acordos de Oslo e da
militarização da questão por parte do governo israelense. Como
resposta à situação explosiva, em
2002, Israel deu início à construção de um muro de segurança na
Cisjordânia, que concretamente
delimitou as áreas sob controle palestino e israelense na região.

O objetivo era o de consumar a
posse das terras da maior parte dos
assentamentos de colonos israelenses implantados na Cisjordânia.
Sinalizava também que um futuro
Estado palestino não teria um território contínuo, mas constituído
por fragmentos territoriais submetidos ao controle militar de Israel.

Em 2005, Israel promoveu a
retirada unilateral dos assentamentos judeus da Faixa de Gaza,

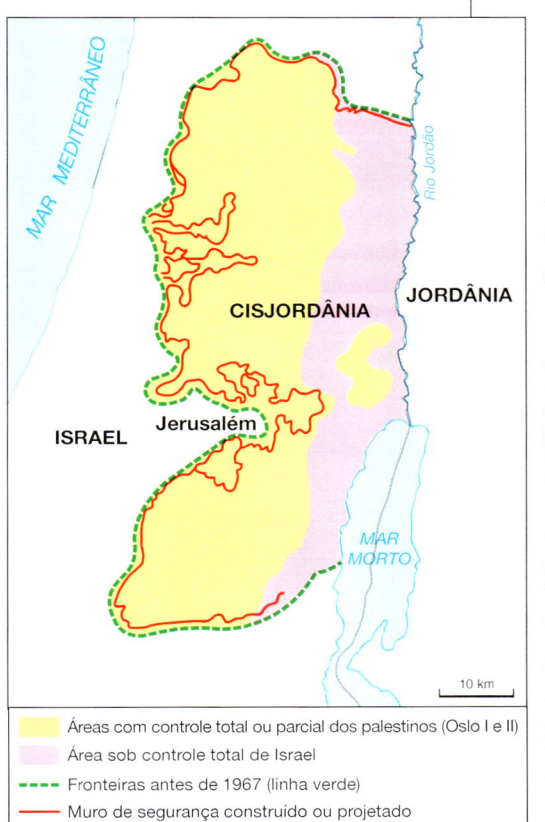

Áreas com controle total ou parcial dos palestinos (Oslo I e II)

Área sob controle total de Israel

----- Fronteiras antes de 1967 (linha verde)

—— Muro de segurança construído ou projetado

Cisjordânia, a linha verde e o muro.

Fonte: Jornal *Mundo* – Geografia e Política Internacional. São Paulo, Pangea, ano 21, n. 5, p. 7.

e, embora declarando o fim da
ocupação, continuou exercendo
o controle sobre as fronteiras ter-
restres, águas territoriais e o espaço aéreo dessa região.

Quase setenta anos após a
aprovação da partilha da Palestina pela ONU, Israel é um Estado
consolidado e reconhecido pela
comunidade internacional, mas a
existência de um Estado palestino continua sendo uma abstração
geopolítica.

Especulação financeira e o custo dos alimentos

Aescalada de preços dos alimentos nos últimos anos tem chamado a atenção da comunidade internacional. Segundo a Organização para a Agricultura e a Alimentação (FAO, em inglês), em 2010, o valor das *commodities* agrícolas registrou uma alta de quase 25%, atingindo o patamar mais elevado desde 1990. Nos próximos anos, é provável que a alta do preço dos alimentos continuará sendo um dos principais fatores para o aumento das pressões inflacionárias em todo o mundo, penalizando os segmentos mais pobres da população mundial, justamente aqueles que empregam a maior parte de suas rendas no item alimentação.

O fragelo da fome no mundo, nos últimos cinquenta anos, esteve muito mais ligado à carência de renda do que à disponibilidade mundial de alimentos. Mas, nos últimos anos, registram-se com frequência problemas na produção e na oferta de alimentos básicos em países e regiões de grande importância agrícola. Um dos problemas tem sido a ocorrência de eventos naturais extremos, como as secas e as altas temperaturas sem precedentes, tais como as registradas em 2010 na Rússia e as diluvianas inundações na Austrália.

Não é que faltem alimentos. Se analisarmos a produção, o consumo e os estoques mundiais de cereais – os principais produtos consumidos e comercializados no mundo –, veremos que o volume produzido ao longo da última década cresceu em cerca de 500 milhões de toneladas (Mt), embora com quedas ao longo do período, como nas safras de 2002/2003, 2006/2007 e 2008/2009. Em relação à demanda, houve um crescimento contínuo do volume consumido, que chegou a ultrapassar a produção em alguns anos da década.

Para evitar as consequência de descompassos momentâneos entre oferta e demanda, foram criados os estoques internacionais de alimentos. No decorrer da primeira década do século XXI, os volumes dos estoques experimentaram significativa redução. Na safra 2000/2001, os estoques perfaziam cerca de 600 Mt. Dez anos mais tarde, os estoques haviam reduzido em 20%.

Vários especialistas defendem que a crise em anos recentes não está relacionada à escassez de alimentos, como a que ocorreu em 2007/2008. Segundo eles, o uso do termo escassez é incorreto, se for levado em conta o fato de que cerca de um terço dos cereais pro-

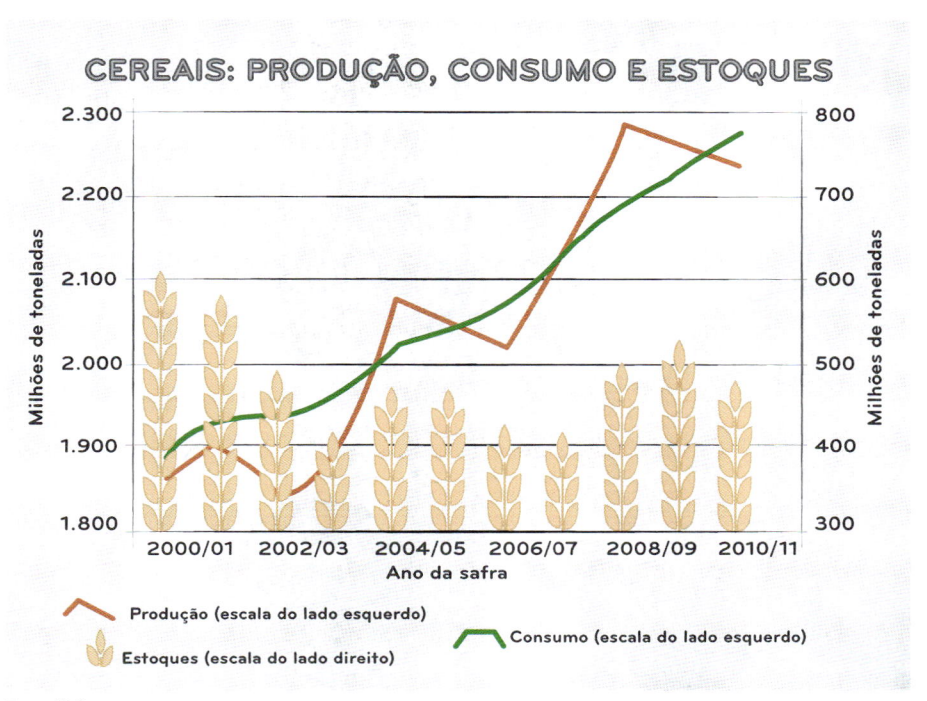

CEREAIS: PRODUÇÃO, CONSUMO E ESTOQUES

Produção (escala do lado esquerdo)

Consumo (escala do lado esquerdo)

Estoques (escala do lado direito)

Fonte: FAO.

duzidos mundialmente são utilizados como alimento para animais e para a produção de agrocombustíveis. A safra de 2010/2011 foi pouco menor do que a de 2007/2008, data da última grande crise alimentar. A principal diferença entre as duas crises é que, na de 2008, a alta dos preços foi impulsionada principalmente pelo arroz, enquanto a que ocorreu dois anos após teve no trigo e, em menor escala, no milho, os fatores de instabilidade.

Com referência ao milho, comparando-se os resultados da safra de 2006/2007 com os da safra de 2009/2010, constatou-se que houve um aumento da produção em cerca de 100 milhões de toneladas (Mt). A previsão é de que ao longo da segunda década do século XXI o consumo do cereal continue aumentando numa intensidade maior que a da produção, reduzindo, consequentemente, os estoques. A redução de estoques está relacionada a duas causas principais: condições climáticas adversas (secas e excesso de chuvas) e aumento do uso do milho na produção de etanol, que é o que vem ocorrendo especialmente nos Estados Unidos.

Sob o ângulo exclusivo da oferta e da demanda, a situação seria mais de preocupação do que de crise. Isso porque entra em cena um fator cada vez mais importante: a especulação. Ao longo da última década, o capital financeiro passou a ser investido nos mercados internacionais de produtos agrícolas, especialmente após a crise no setor imobiliário nos Estados Unidos e a desvalorização do dólar. Aliado a grandes empresas que controlam o mercado de sementes e a distribuição mundial de cereais, o capital financeiro investe cada vez mais intensamente no mercado futuro de alimentos, na expectativa de que os preços continuarão a subir. Desde 2002, os fundos de investimento canalizaram para esse mercado cerca de US$ 200 bilhões. Conclusão: quanto mais altos forem os preços dos alimentos, maior será o retorno dos investimentos financeiros.

A dimensão da crise será definida daqui para frente em função de uma complexa combinação de inúmeros fatores, dos quais se destacam a dinâmica demográfica, a evolução do padrão de vida de parcela significativa da população mundial, a frequência de eventos climáticos extremos e a especulação financeira. Se o aumento dos preços dos alimentos se tornar permanente, acirrará tensões sociais em dezenas de países.

Imigrantes, intolerância e xenofobia na Europa

A trajetória humana no planeta é marcada pelo processo migratório. Afinal, se os primeiros humanos surgiram na África, os demais continentes só foram povoados por meio de migrações. Com o advento da Revolução Industrial (final do século XVIII), um número cada vez maior de pessoas passou a se deslocar pelas diversas regiões do planeta.

Isso se deveu à combinação de vários fatores, destacadamente o crescimento demográfico e a evolução dos meios de transportes. Desde então, e por quase dois séculos, o continente europeu foi o ponto de partida das maiores levas de imigrantes que se espalharam por todo o mundo.

Depois de 1980, registrou-se uma inversão. Ao lado dos Estados Unidos, os países da União Europeia (UE) passaram a ser os mais procurados pelos imigrantes. O ciclo migratório, que se dirigiu principalmente para os países mais ricos do bloco, foi fruto de diversos deslocamentos de pessoas com causas distintas. Às migrações oriundas da Europa Oriental, decorrentes da queda do Muro de Berlim e da desintegração da União Soviética e da Iugoslávia, juntaram-se imigrantes vindos das antigas colônias europeias.

A partir de 2004, com a incorporação de países que tinham feito parte do bloco soviético, permitiu-se a livre circulação de pessoas dos novos países da UE em direção à parte ocidental do continente. Além disso, houve um grande aumento dos pedidos de asilo e uma crescente imigração clandestina, que se acentuou a partir da intensificação das restrições à entrada de imigrantes.

A onda migratória não foi bem recebida por parcela expressiva da opinião pública e dos governos dos países de destino, que passaram a desenvolver atitudes xenófobas. As alegações iam do "roubo" de empregos por parte dos imigrantes ao temor da descaracterização da cultura e dos valores do país receptor.

A xenobia tem feito crescer movimentos neonazistas e de extrema direita, levando a manifestações racistas e anti-islâmicas. Por exemplo, jogadores de futebol negros africanos e da América Latina, brasileiros inclusive, têm sido alvos de manifestações racistas em estádios de vários países europeus. Em relação à islamofobia, especialmente na França, há uma grande polêmica em relação à proibição, pelo governo, de vestimentas tradicionais usadas por mulheres, que seguem o islamismo, em lugares públicos.

Mas, por enquanto, o caso mais dramático dessa situação ocorreu na "civilizada" Noruega, em julho de 2011, quando um extremista norueguês praticou um atentado em Oslo, que vitimou cerca de 77 pessoas, a maioria delas de mesma nacionalidade que a dele.

Depois de prendê-lo, a polícia teve acesso a um manifesto que ele havia postado na internet horas antes. Nele, o terrorista afirmava que seu objetivo era o de causar o maior dano possível à liderança do Partido Trabalhista Norueguês, que, com suas ideias liberais, seria o responsável pela "invasão" de imigrantes muçulmanos que estariam descaracterizando a identidade e os valores religiosos da Noruega. Dado importante: os muçulmanos são apenas cerca de 1,0% dos quase 5 milhões de habitantes do país.

Contudo, já há algum tempo, de olho nas pesquisas de opinião pública e nas eleições internas, muitos políticos de vários países da Europa já vinham pressionando o Parlamento Europeu para que fossem adotadas políticas comuns de imigração. Tanto isso é verdade que, em junho de 2008, aprovou-se a Diretiva do Retorno, primeira lei sobre a imigração a ser aplicada pelos 27 países que faziam parte do bloco econômico àquela época.

A partir daquele ano, a UE passou a ter regras imigratórias uniformes e fixaram-se limites máximos para a detenção de imigrantes ilegais. A ideia é que o imigrante ilegal retorne "voluntariamente" ao seu país de origem. No caso de recusa, o indivíduo sujeita-se a um período de prisão sem a necessidade de ordem judicial. Passado o tempo de detenção, será expulso e ficará impedido de voltar a qualquer país da UE por cinco anos.

O paradoxo é que os imigrantes contribuem para amenizar a crise demográfica europeia. Atualmente, em diversos países da Europa, o número de mortes é maior que o número de nascimentos, mas a população continua a aumentar em razão do saldo migratório. Hoje, os países da UE abrigam quase meio bilhão de habitantes, cem milhões a mais do que em 1960.

Projeções indicam que a taxa de natalidade na UE continuará a cair e a taxa de mortalidade aumentará, de tal sorte que, em 2015, a curva de natalidade será superada pela mortalidade. No horizonte de 2050, o total de população dos países do bloco diminuirá cerca de dois milhões em relação ao efetivo atual.

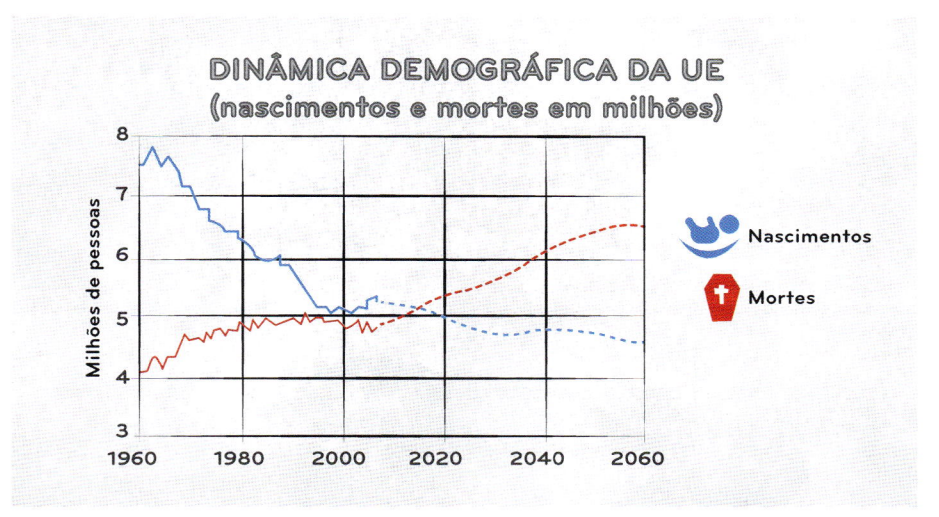

Fonte: Eurastat. Europop 2008. (*European Population Projections,* ano-base 2008).

O aumento da taxa de mortalidade é inevitável, mesmo que a expectativa de vida continue a aumentar, em decorrência do crescimento da proporção de idosos. Nas décadas de 1950 e 1960, ocorreu o chamado *baby boom*, o último e expressivo crescimento demográfico dos países europeus.

Grande parte das pessoas que nasceram nessas décadas está hoje na faixa dos 50 e 60 anos e morrerá nas próximas décadas. Até 2050, a Alemanha poderá perder quase 10% de sua população; a Itália, cerca de 9,0%. Na França, por volta de 2030, metade da população terá mais de 50 anos e 10% do total terá mais de 80 anos.

Para compensar o envelhecimento demográfico, que reflete sobre a população economicamente ativa e o sistema de aposentadorias, a Europa deveria, necessariamente, abrir suas fronteiras. No entanto, ela tem se recusado a ver o problema por esse ângulo, preferindo inseri-lo na agenda das questões ligadas à segurança. O fato é que a população estrangeira continua a representar uma parcela pequena dos habitantes da UE.

O conjunto de leis restritivas que vem sendo desenvolvido pelos países da UE bate de frente com a coerência econômica. A dinâmica demográfica exige o aumento da força de trabalho, enquanto a xenofobia e o racismo estimulam a criação de barreiras cada vez mais difíceis de serem transpostas pelos imigrantes.

81

Os estrangeiros na União Europeia

Existem hoje nos países da UE um pouco mais de 25 milhões de pessoas estrangeiras legalizadas (cerca de 5% da população total do bloco), tanto de origem europeia como não europeia. Na maioria dos países, os estrangeiros não representam mais de 1% da população. Mas há exceções.

No minúsculo Luxemburgo, 40% das pessoas são estrangeiras, enquanto que na Alemanha, o país da UE com o maior número de estrangeiros (quase sete milhões), essa participação é de 8%.

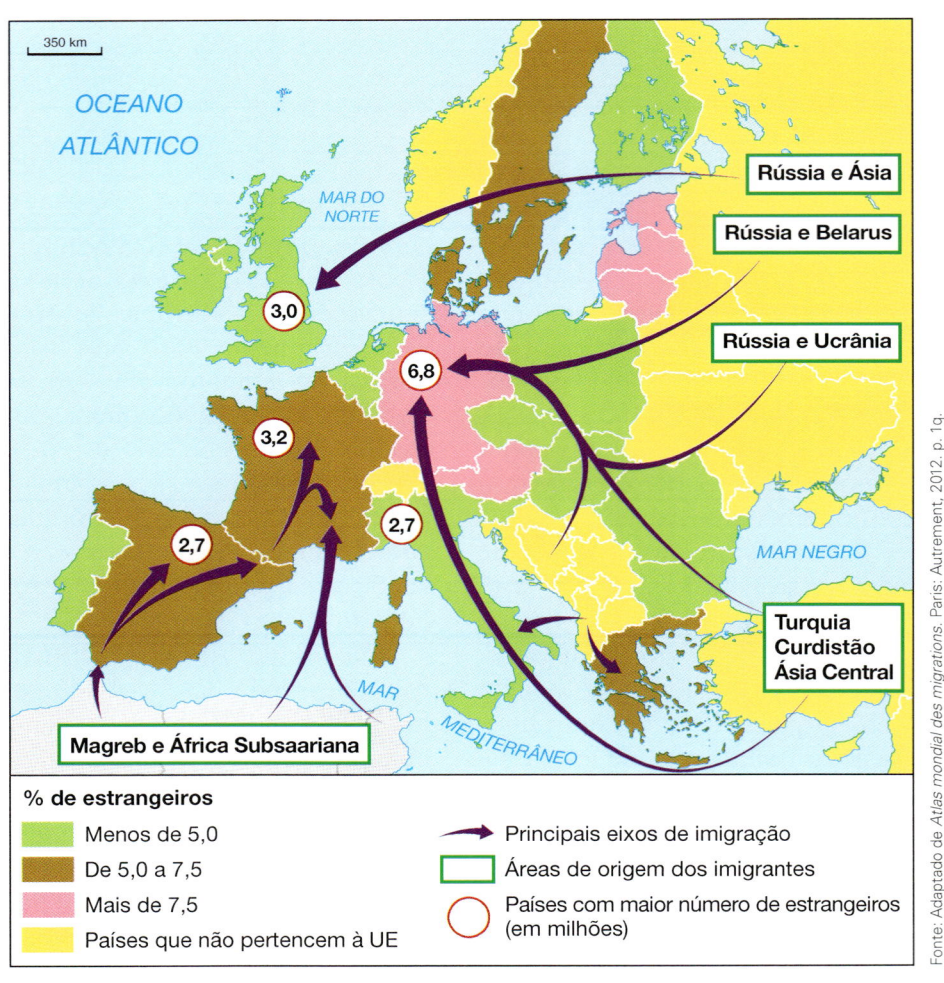

% de estrangeiros

- Menos de 5,0
- De 5,0 a 7,5
- Mais de 7,5
- Países que não pertencem à UE

- Principais eixos de imigração
- Áreas de origem dos imigrantes
- Países com maior número de estrangeiros (em milhões)

Fonte: Adaptado de *Atlas mondial des migrations*. Paris: Autrement, 2012. p. 1q.

Presença de estrangeiros nos países da UE.

França, Grã-Bretanha, Espanha e Itália são os países com o maior número de estrangeiros, depois da Alemanha.

A origem dos estrangeiros nos países do bloco está ligada à história e à geografia de cada um. Nos países que foram metrópoles coloniais, como Grã- Bretanha, França, Bélgica e Holanda, boa parte dos estrangeiros é originária das antigas colônias. Exemplos típicos: 95% dos imigrantes argelinos e 70% dos tunisianos se estabeleceram na França; indianos e paquistaneses se fixaram na Grã-Bretanha. A Alemanha foge a esse padrão: a maioria dos estrangeiros é constituída por imigrantes do Oriente Médio, especialmente da Turquia.

A pequena proporção de estrangeiros na UE e a diversidade de origens nacionais desmontam o discurso xenófobo da descaracterização da identidade nacional e cultural dos países receptores. Mas o mito serve a propósitos políticos bem definidos.

Parte 2
Paradoxos ambientais

Darfur e os impactos das mudanças climáticas

Só recentemente passaram a ser percebidas mais claramente as ligações dos conflitos entre grupos nômades e sedentários, que ocorrem, por exemplo, na região do Sahel africano, com os fenômenos ecossociais. No fundo, por vezes, conflitos que são apresentados apenas como étnicos, religiosos ou econômicos têm raízes em problemas ecológicos ou são acirrados por eles. A escassez de água potável e de solo agricultável, que originam grandes deslocamentos populacionais, tem forte impacto político.

A busca por novas terras de pastagens ou de cultivo, quando as antigas já não produzem o suficiente para uma população que cresce de forma explosiva, conduz a conflitos entre grupos vizinhos que compartilham determinado espaço geográfico. As migrações internas desencadeadas pelas modificações climáticas geram conflitos crescentes – e a violência provocada pode ser considerada uma consequência indireta das mudanças ambientais. Talvez a melhor ilustração desses fenômenos, que especialistas definem

Área aproximada da região de Darfur
Limite sul do Saara
Limite sul do islamismo majoritário
▲ Jazidas de petróleo em Darfur
ZAGHAWA — MASALIT — FUR   Principais grupos étnicos de Dar

O Sudão e a região de Darfur.

como "guerras climáticas", esteja em Darfur.

Darfur situa-se na porção ocidental do Sudão, junto à fronteira com o Chade. Como inúmeros outros países da África, o Sudão é uma verdadeira colcha de retalhos étnicos, uma das heranças da época colonial. O território sudanês situa-se na intersecção de dois "mundos": a porção setentrional do país, dominantemente árida e semiárida, exibe predomínio de populações árabes; à medida que se avança para o sul, a umidade aumenta e passam a predominar grupos étnicos não árabes.

Boa parte de Darfur se localiza no cruzamento desses dois "mundos", como se fosse uma espécie de Sudão em miniatura. De um lado, as regiões um pouco mais úmidas são habitadas majoritariamente por camponeses sedentários de mais de uma dezena de grupos étnicos, sendo os Fur, Masalits e Zaghawas os mais numerosos. Do outro, em áreas mais secas, habita uma minoria que se identifica como árabe e que, tradicionalmente, organiza seu modo de vida com base no pastoreio nômade ou seminômade. Os árabes de Darfur estão, histórica e culturalmente, ligados à população majoritária do norte do Sudão. Cartum, a capital do país, situa-se no norte e o governo sudanês permaneceu sob controle dos árabes desde a independência, em 1956.

Durante muito tempo, os pastores de Darfur, que não possuem terras, podiam circular livremente, respeitando as áreas dos agricultores. Contudo, nas últimas quatro décadas, o processo de desertificação difundiu-se para o sul, produzindo tensões sociais crescentes. A partir da grande estiagem de 1984, os agricultores tentaram proteger suas pequenas proprie-dades colocando barreiras à passagem dos rebanhos dos "árabes" nos seus campos. As restrições à circulação atingiram os pastores no momento em que as pastagens tradicionais estavam reduzidas, devido às longas secas. Em busca de acesso às pastagens de verão, os nômades passaram a empregar a força das armas para abrir caminho através das barreiras.

As variações climáticas recentes constituem o ponto de partida do conflito em Darfur. Nas últimas duas décadas, as temperaturas médias na região aumentaram em 0,7°C, enquanto que a média de chuvas diminuiu mais de um terço ao longo do período. Como resultado, tornou-se quase impossível a prática do pastoreio nômade nos moldes tradicionais. As novas condições climáticas produziram ondas crescentes de migrantes internos, que passaram a ser abrigados em campos precários de refugiados.

Darfur também conheceu crescimento demográfico explosivo, que causou uso excessivo das pastagens e esgotamento de terras de cultivo, ampliando o potencial de conflitos já existente. Durante muito tempo, as disputas por terras e águas eram resolvidas pelos métodos tradicionais de assembleias locais de reconciliação. Todavia, a partir do golpe militar de 1989, os novos dirigentes do país introduziram uma novidade letal:

a formação de milícias armadas na região.

No final da década de 1980, pela primeira vez, ocorreu um choque armado entre grupos da etnia Fur e grupos árabes. Na década seguinte, os conflitos pela posse de terras se ampliaram, envolvendo os grupos árabes e os Masalits e Zagawas. Os conflitos tomaram outra dimensão em 2003, quando grupos rebeldes obtiveram vitórias significativas contra os "árabes", que eram apoiados pelo governo central. Enquanto se desenrolava o drama, descobriram-se promissoras jazidas de petróleo na região e nas suas proximidades.

Foi a partir daí que o governo passou a sustentar, clandestinamente, a milícia conhecida como *janjaweed*, que deflagrou a "limpeza étnica" contra aldeias dos grupos não árabes. A ação, essencialmente voltada contra a população civil, foi classificada como genocídio. A população é morta ou expulsa de suas propriedades, que são então transferidas para as mãos dos grupos "árabes". A guerra de Darfur criou uma crise humanitária sem precedentes: mais de 300 mil pessoas foram mortas e 2,6 milhões vivem em precários campos de refugiados no Sudão e em países vizinhos. Sob a acusação de genocídio, o ditador sudanês Omar Al Bashir foi alvo, em 2009, de um mandado de prisão emitido pela Corte Internacional de Justiça.

A tragédia de Darfur é um fenômeno de várias dimensões. O conflito deriva de uma combinação de fatores conjunturais, estruturais, locais, internacionais, culturais, étnicos e políticos. Contudo, o palco da catástrofe foi desenhado por mudanças de caráter ambiental, que afetaram os frágeis equilíbrios sociais tradicionais.

Pobreza de água rima com subdesenvolvimento

Para se analisar os recursos hídricos de um determinado espaço geográfico, um primeiro indicador é obtido dividindo-se o estoque total de água pelo número de habitantes do país ou da região que o abriga. De forma geral são estabelecidos dois níveis de vulnerabilidade: o estresse hídrico e a penúria em água. O primeiro situa-se numa faixa de disponibilidade de água entre 1.000 e 1.700 m^3 por habitante/ano. O segundo verifica-se na faixa de disponibi-lidade inferior a 1.000 m^3 por habitante/ano, que permite identificar as grandes zonas de carência.

Num extremo, constata-se que existem países com extrema abundância hídrica – casos do Brasil, Canadá, Finlândia, Gabão, Congo, Laos e Nova Zelândia. No outro, identifica-se um cinturão de países com penúria e estresse hídrico, que se estende do Marrocos ao Paquistão, abrangendo ainda o Chifre da África e, em descontinuidade geográfica, a porção sul-sudeste do continente africano. Mesmo na Europa, há países em condições difíceis – casos da Polônia, República Tcheca e Dinamarca.

Apesar de importante para uma visão inicial, esse índice não re-

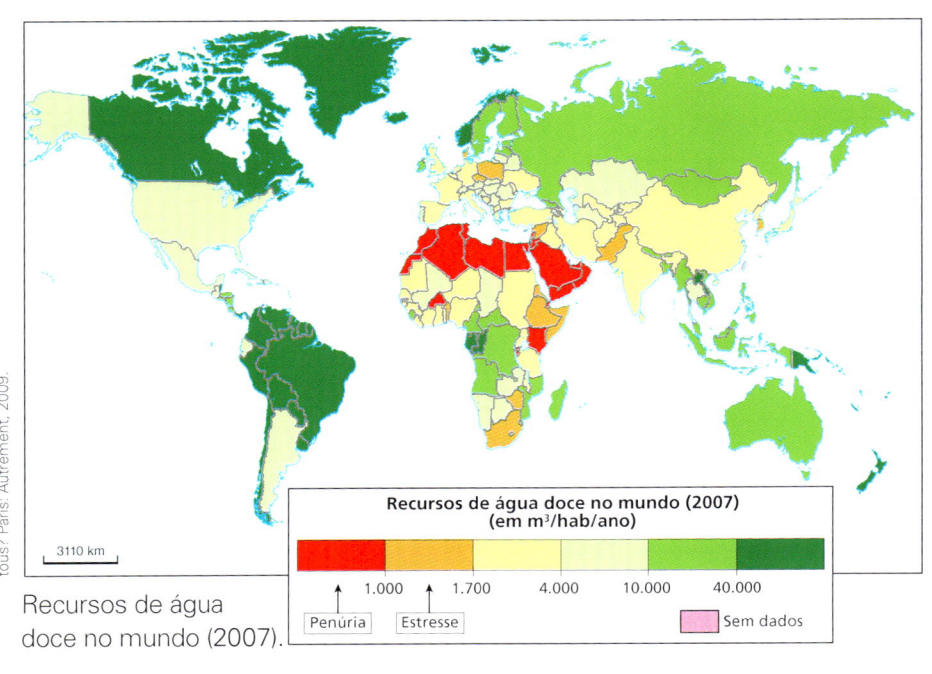

Fonte: Adaptado de BLANCHON, David *Atlas mondial de l'eau: de l'eau pour tous?* Paris: Autrement, 2009.

3110 km

Recursos de água doce no mundo (2007).

Recursos de água doce no mundo (2007)
(em m^3/hab/ano)

1.000   1.700   4.000   10.000   40.000

Penúria   Estresse   Sem dados

laciona a disponibilidade de água com o nível de desenvolvimento do país ou área em análise. Por conta disso, tanto países pobres, como o Haiti e o Laos, como ricos, como a Coreia do Sul e a Nova Zelândia, podem ter situações semelhantes de penúria ou de abundância, mas responderem de forma muito diferente aos desafios impostos por essa situação. Além disso, esse índice é muito genérico e não identifica as grandes disparidades no interior dos países. Daí a necessidade de se criar um índice mais refinado, capaz de identificar precisamente a incidência da escassez de água.

Em 2002, o Centro para a Ecologia e Hidrografia de Wallingford, na Grã-Bretanha, propôs um novo indicador – o Índice de Pobreza de Água (IPA). A finalidade do IPA é estabelecer relações significativas entre os cenários do meio natural e da sociedade. Ele prova que a crise de escassez de água é muito mais fruto do subdesenvolvimento e das desigualdades sociais do que da carência física do recurso.

O índice é composto de cinco indicadores: presença e qualidade da água, acessibilidade aos recursos, tipos de gestão, tipos de utilização e respeito ao ambiente. O IPA varia numa escala de 0 a 100 e cada um dos cinco indicadores que o compõem contribui com valores de 0 a 20. Os valores de IPA mais baixos – inferiores a 48 – ocorrem basicamente em cinco macrozonas: África, Oriente Médio, sul, sudeste e leste asiáticos,

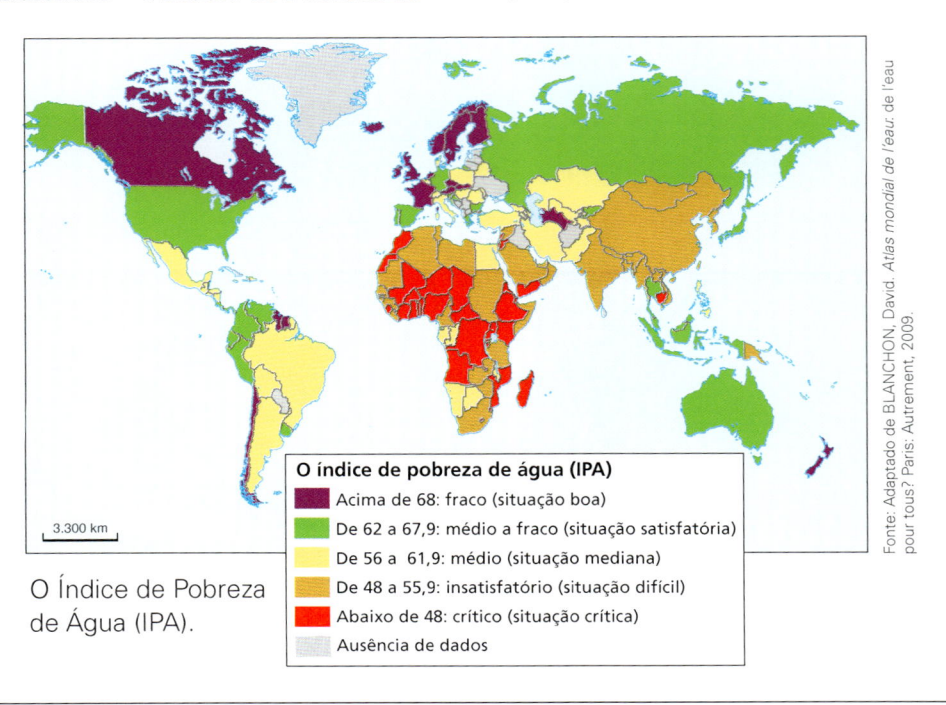

O índice de pobreza de água (IPA)

- Acima de 68: fraco (situação boa)
- De 62 a 67,9: médio a fraco (situação satisfatória)
- De 56 a 61,9: médio (situação mediana)
- De 48 a 55,9: insatisfatório (situação difícil)
- Abaixo de 48: crítico (situação crítica)
- Ausência de dados

3.300 km

O Índice de Pobreza de Água (IPA).

Fonte: Adaptado de BLANCHON, David. *Atlas mondial de l'eau: de l'eau pour tous?* Paris: Autrement, 2009.

ao passo que na maioria dos países desenvolvidos os valores descortinam condições satisfatórias.

O método aplicado no cálculo do IPA revela que países ou regiões com recursos brutos limitados podem compensar a deficiência natural por meio de técnicas e sistemas de adaptação. Um dos exemplos mais emblemáticos é o oeste dos Estados Unidos, onde a carência hídrica foi superada com a mobilização de vastos recursos financeiros e a utilização de técnicas modernas. Entretanto, nesse caso, o triunfo resultou num festival descontrolado de desperdício, que se manifesta tanto nos incontáveis gramados irrigados de Los Angeles quanto nos "delírios hídricos" das fontes de hotéis de Las Vegas. A cultura do desperdício poderia ser combatida pela atribuição de um "preço ambiental" ao consumo de água, um passo que os políticos californianos não parecem dispostos a dar.

Os melhores valores de IPA são registrados em países da Europa, especialmente da Europa Nórdica, como a Finlândia (índice 78, o maior do mundo), Islândia, Noruega e Suécia, além de Áustria, Irlanda e Suíça. Na América do Norte, o destaque positivo é o Canadá. Todavia, chamam a atenção neste seleto grupo de países os altos índices registrados na Guiana e no Suriname, que se beneficiam da combinação incomum de reduzida população e imensos estoques hídricos.

Na América do Sul, os valores do IPA não apresentam variações exageradas; quase todos os países têm cenários satisfatórios. O Brasil, com índice 61,2, ocupa a 50ª posição entre os países do mundo. O índice só não é melhor em função dos baixos resultados quanto ao uso dos recursos hídricos e a conservação do meio ambiente.

Dos dez IPAs mais baixos do mundo, nove são de países africanos, tanto de regiões que apresentam carência física de recursos hídricos (Níger, Djibuti, Chade) como de áreas caracterizadas por recursos relativamente abundantes, como Ruanda e Burundi. Entretanto, o menor índice de todo o mundo não se encontra na África, mas no Caribe, e corresponde ao Haiti.

O Haiti partilha territorialmente a ilha de Hispaniola com a República Dominicana. Ambos os países possuem mais ou menos os mesmos estoques de recursos hídricos brutos, assim como contingentes demográficos similares. No entanto, curiosamente, distanciam-se no espelho dos valores do IPA. A evolução histórica e econômica dos dois países, no que se refere aos níveis de acessibilidade aos recursos hídricos, aos tipos de utilização, de gestão e sustentabilidade ambiental, resultam num IPA de 62,7 para os dominicanos e de apenas 32 para o país vizinho. Pobreza de água é quase sinônimo de miséria, simplesmente.

Haiti: a radiografia de um terremoto

Janeiro de 2010 ficará marcado pela catástrofe natural, com trágicas repercussões humanas, que se abateu sobre o Haiti. Nesse país do Caribe, um terremoto de grande intensidade, com epicentro próximo a Porto Príncipe, praticamente reduziu a capital a escombros. Estima-se que o terremoto vitimou mais de 200 mil pessoas, causou um número incontável de feridos e deixou um rastro de mais de um milhão de pessoas ao total desabrigo.

Um terremoto similar em magnitude a esse faria grandes estragos em qualquer região povoada do mundo. Em janeiro de 1995, um terremoto de mesma magnitude atingiu Kobe, no Japão, e destruiu cerca de 240 mil casas, numa cidade com mais de 1,5 milhão de habitantes, mais ou menos do ta-

① Passo dos ventos　② Canal do Panamá

Haiti: país do Caribe.

Fonte: Jornal *Mundo* – Geografia e Política Internacional. São Paulo, Pangea, ano 19, n. 1.

92

manho de Porto Príncipe. Todavia, o número de vítimas fatais ficou em 6.434 pessoas. O que ocorreu no Haiti tomou as dimensões de uma tragédia incomensurável por ter atingido um dos países mais pobres do mundo, totalmente despreparado para fazer frente a esse tipo de fenômeno.

Localizado na porção insular da América Central, o Haiti ocupa a parte ocidental da ilha de Hispaniola, que divide com a República Dominicana. No contexto estratégico do Caribe, o Haiti ocupa posição especial, pois domina uma das margens do Passo dos Ventos, uma das principais passagens marítimas que conectam o oceano Atlântico ao mar do Caribe – e, portanto, ao canal do Panamá.

A natureza tem sido cruel com o Haiti. Tipicamente tropical, o território haitiano é assolado com frequência, no verão e outono do hemisfério norte, por violentas tempestades e furacões, que causam destruições e consideráveis perdas humanas. Situado no contato entre placas tectônicas, o Haiti também é vítima de abalos sísmicos.

A população haitiana é de aproximadamente 10 milhões de habitantes, 95% dos quais descendentes de escravos vindos da África. A pequena elite é constituída por mulatos, embora o termo tenha conotação essencialmente socioeconômica e seja aplicado a toda a população de renda mais elevada, independente da cor da pele. Cerca de 45% dos habitantes vivem em áreas rurais, mas, antes do terremoto, um quinto da população concentrava-se em Porto Príncipe e nos seus arredores.

As condições sociais são lastimáveis. O Haiti é o país mais pobre das Américas e seus indicadores socioeconômicos assemelham-se aos dos países da África Subsaariana. Cerca de 80% da população vive com menos de US$ 2 por dia; o analfabetismo atinge 45% dos adultos; o crescimento demográfico é bastante elevado, assim como a mortalidade infantil. Poucos são os países do mundo atual que possuem Índice de Desenvolvimento Humano (IDH) inferior ao do Haiti.

O desastre social decorre de uma combinação perversa de fatores adversos, mas a história e a política certamente desempenham papéis muito mais decisivos que a geologia e a meteorologia. Ditaduras, regimes tirânicos, corrupção endêmica, turbulências institucionais sucessivas e interferências externas danosas formam o explosivo pano de fundo da miséria haitiana. O terremoto tragou as frágeis instituições políticas existentes e dissolveu os fios delgados de uma teia social mínima. O Haiti pós-terremoto recomeçará não do zero, mas de um nível "abaixo de zero", como declarou uma autoridade de reconstrução da ONU.

Segundo o historiador Will Durant, "a civilização existe graças ao consentimento geológico, licença esta sujeita a mudanças sem aviso prévio". Genericamente, a superfície terrestre nada mais é que uma fina camada sólida fragmentada em placas tectônicas que flutuam sobre o magma. Tais placas "flutuantes" sustentam os fundos oceânicos e os continentes, ou seja, toda a biosfera. As grandes e pequenas placas tectônicas encontram-se em fluxo. As faixas de limites entre placas são arcos de grande instabilidade geológica, onde placas distintas afastam-se, colidem ou atritam.

A ilha de Hispaniola localiza-se entre as placas Norte-americana e a do Caribe, que se deslocam horizontalmente, mas em direções opostas. As duas placas estão separadas por uma placa menor, a de Gonave, limitada por pequenas linhas de falhas. Foi ao longo de uma dessas linhas, a de Enriquillo-Plaintein Garden, que registrou-se o epicentro do terremoto. O abalo atingiu em cheio a região de Porto Príncipe, mas não teve impacto, ou teve impacto marginal, sobre expressivas porções do Haiti, que apresentam baixas densidades demográficas.

Quanto mais próximo da superfície terrestre for o ponto de origem do terremoto (epicentro), maior será o estrago. Tremores de oito graus de magnitude na escala

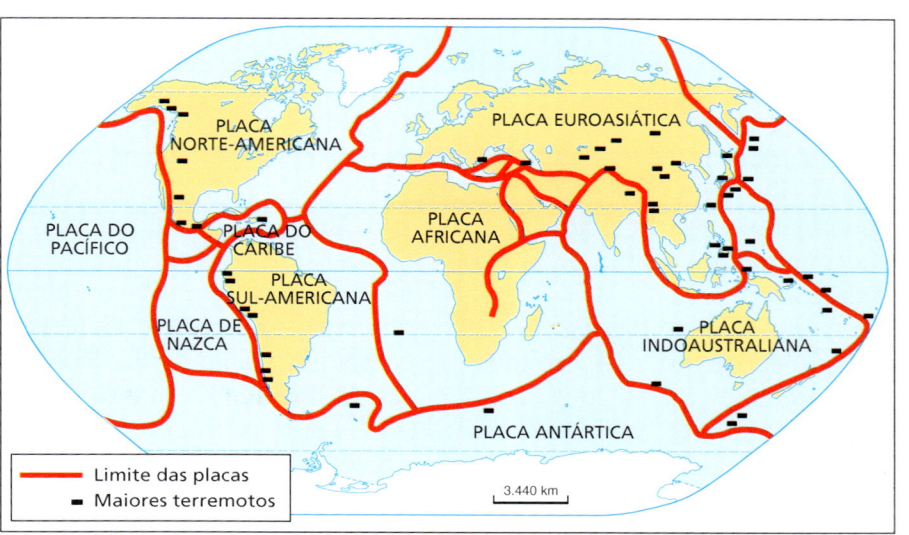

As grandes placas tectônicas.

Fonte: Jornal Mundo – Geografia e Política Internacional. São Paulo, Pangea, ano 19, n. 1.

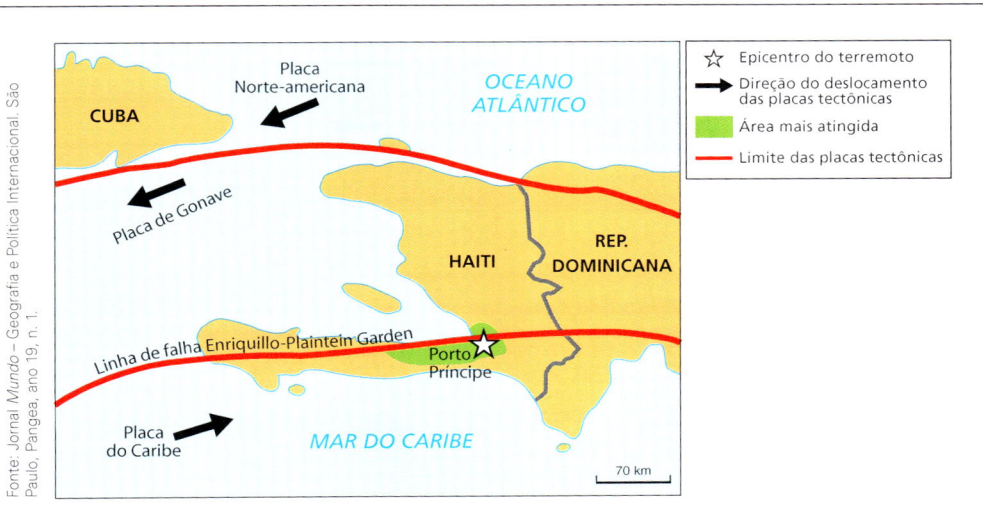

Fonte: Jornal *Mundo* – Geografia e Política Internacional. São Paulo, Pangea, ano 19, n. 1.

Radiografia do terremoto do Haiti.

Richter, com epicentro a 400 quilômetros de profundidade, praticamente não causam estrago na superfície. Todavia, um tremor de magnitude sete a apenas 10 quilômetros de profundidade, como o que se verificou no Haiti, pode produzir um impacto devastador, especialmente numa zona de alta densidade demográfica.

Terremotos no Caribe não são novidade. Há registros de fortes terremotos ocorridos em 1751 e 1770, com provável epicentro na mesma falha do atual. Em 1842, houve um tremor de oito graus de magnitude no norte do Haiti. Em 1946, um sismo de mesma magnitude ocorreu no nordeste de Hispaniola, na República Dominicana, causando um tsunami que deixou milhares de vítimas. Lamentavelmente, esse não será o último terremoto no Haiti.

As "fábricas" de eletricidade

Quando se observa uma imagem de satélite captada à noite, chama a atenção o contraste entre manchas brilhantes e grandes regiões escuras. As primeiras indicam, sobretudo, a localização das aglomerações urbanas; as segundas, as áreas esparsamente povoadas ou não ocupadas pela humanidade.

Em 2011, a população mundial atingiu a marca de 7 bilhões de pessoas, e, segundo as previsões correntes, estima-se que em 2050 o efetivo demográfico mundial ficará em torno de 9 bilhões. Desde 2009, pela primeira vez na história, há mais pessoas vivendo em áreas urbanas do que nas zonas rurais.

Dado o ritmo de crescimento da população urbana, especialmente em países de grande população absoluta e grande contingente rural, como a Índia e a China, assim como em outros países asiáticos e africanos, pode-se prever que, por volta de 2030, cerca de dois terços da população mundial estarão vivendo em cidades. Em 2050, essa proporção atingirá 75%. Além disso, nas últimas décadas, centenas de milhões de pessoas em todo o mundo aumentaram seu padrão de consumo – o que tem repercussões importantes nos níveis de consumo energético.

Entre os vários fatores que permitem uma condição de vida mais digna para os moradores das áreas urbanas, dois são essenciais: o abastecimento de água potável e o acesso à eletricidade. Tendo esse último fator em vista, os governos se preocupam em disponibilizar energia elétrica para toda a população com tarifas razoáveis, além de assegurar a segurança energética, evitando os chamados "apagões". A demanda por eletricidade cresce fortemente, sob os impactos combinados da expansão da população urbana e do aumento da renda de parcelas expressivas da população mundial.

As fontes mais utilizadas para a geração de energia elétrica são o carvão, o petróleo, o gás natural, a hídrica, a nuclear, a biomassa, a eólica e a solar. Tomadas em conjunto, elas definem o que se denomina matriz elétrica. As proporções de contribuição dessas fontes variam de país para país, em função de fatores como o "cardápio" de recursos naturais disponíveis e das decisões políticas estratégicas postas em prática pelos Estados ao longo do tempo. Recentemente, as estratégias energéticas sofrem influência relevante de considerações socioambientais e socioeconômicas.

Como desenvolvimento econômico é quase sinônimo de consumo de energia, não há surpresa na constatação de que os dez países que mais geram energia elétrica sejam Estados Unidos, China, Japão, Rússia, Canadá, Índia, Alemanha, França, Grã-Bretanha e Brasil. Na maioria desses países, a matriz elétrica é dominantemente térmica, com utilização extensiva de fontes não renováveis e altamente poluentes, como o carvão e o petróleo. No entanto, há exceções: na França, a fonte nuclear é preponderante, enquanto que no Canadá, e principalmente no Brasil, a fonte principal é hídrica.

O Brasil ocupa o terceiro lugar mundial na geração total de energia elétrica de fonte hídrica, só superado pela China e pelo Canadá. Se considerarmos a contribuição porcentual da fonte hídrica na matriz elétrica, o Brasil, com cerca de 80%, é superado, curiosamente, apenas pelo Paraguai (com 100%), em virtude dos acordos que levaram à construção da Usina Hidrelétrica de Itaipu, e pela Noruega (com 99%), em função do intenso aproveitamento dos recursos hídricos naturais do país e do sistema interligado aos demais países nórdicos.

O Plano Decenal de Expansão de Energia Elétrica 2010/2019 do Brasil, publicado em 2010, propicia algumas constatações importantes. Nessa década, a oferta de energia elétrica conhecerá incremento de quase 50%. As fontes

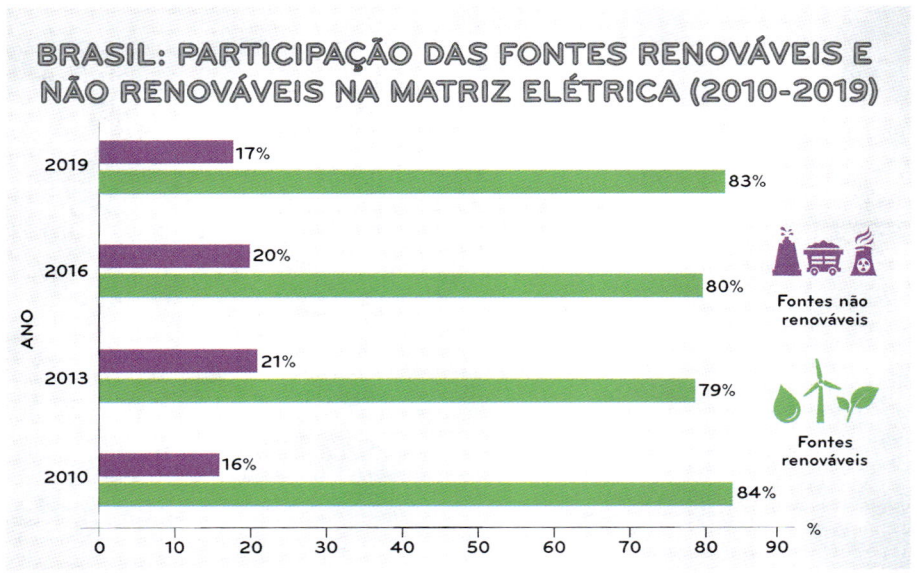

BRASIL: PARTICIPAÇÃO DAS FONTES RENOVÁVEIS E NÃO RENOVÁVEIS NA MATRIZ ELÉTRICA (2010-2019)

Fonte: Plano Decenal de Expansão de Energia Elétrica 2010-2019.

97

renováveis responderão por uma participação em torno de 80% da geração total.

Nesse conjunto, a fonte hídrica, que engloba as hidrelétricas de grande porte e, principalmente, as pequenas centrais hidrelétricas (PCHs), terá participação oscilando entre 71% e 74%. Com um papel complementar à fonte hídrica, a biomassa – através da queima do bagaço e da palha de cana – e a energia eólica terão crescimento em sua participação.

O Brasil opera cerca de 200 hidrelétricas e quase 600 PCHs, e existem três grandes projetos previstos para entrar em funcionamento até 2015: as usinas de Jirau e Santo Antonio, no rio Madeira, e a gigantesca Usina de Belo Monte, no rio Xingu. O grande obstáculo diante de projetos desse porte, especialmente o de Belo Monte, é a obtenção das licenças ambientais. Mas as obras estão em andamento.

Ao longo da segunda metade desta década, a participação das fontes não renováveis na geração total de energia elétrica deverá diminuir. Nesse conjunto, a única exceção será a fonte nuclear, cuja participação aumentará com a entrada em funcionamento da Usina Angra III.

Usinas térmicas convencionais, movidas a fontes não renováveis, geram poluição e fortes emissões de gases de efeito estufa. Usinas elétricas baseadas nas fontes eólica, solar ou de biomas-

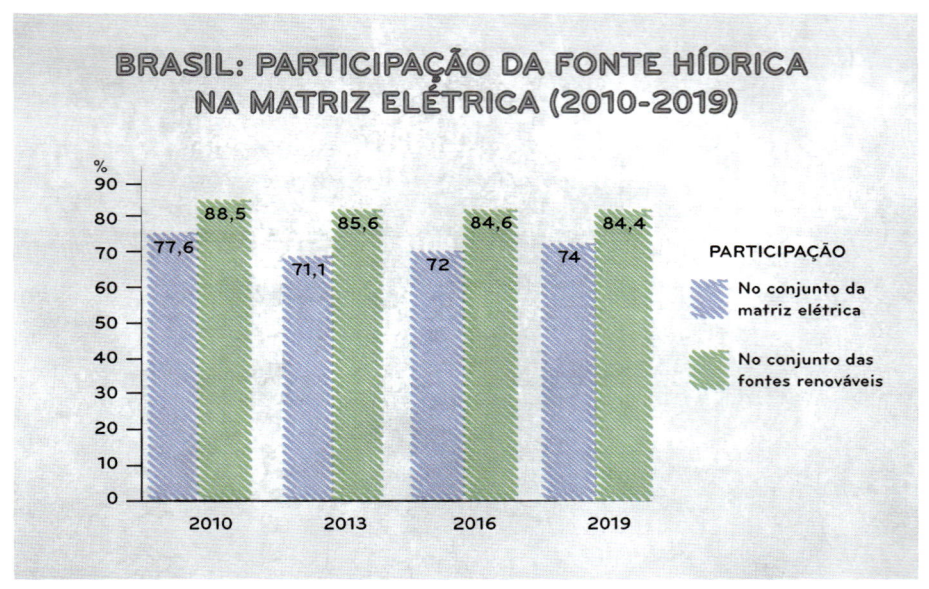

BRASIL: PARTICIPAÇÃO DA FONTE HÍDRICA NA MATRIZ ELÉTRICA (2010-2019)

PARTICIPAÇÃO

No conjunto da matriz elétrica

No conjunto das fontes renováveis

Fonte: Plano Decenal de Expansão de Energia Elétrica 2010-2019.

sa possuem reduzida densidade no fluxo energético, sendo utilizadas para complementar outras fontes da matriz elétrica. Apesar de suas óbvias vantagens ambientais, elas não conseguem atender às grandes demandas energéticas das áreas urbanas.

"Não existe almoço grátis", como dizem os economistas. Todas as "fábricas" de eletricidade têm impactos sociais e ambientais. Grandes hidrelétricas geralmente exigem vastos reservatórios, que inundam áreas extensas. Nos alpes italianos, décadas atrás, a ruptura de uma barragem, sob o efeito de fortes chuvas e do degelo de primavera, produziu uma

onda de inundação que devastou diversas pequenas cidades. Na China, onde a geração térmica de eletricidade é dominante, estima-se que, a cada ano, morrem de dois mil a três mil trabalhadores em minas de carvão. Além disso, doenças respiratórias causadas pela poluição do ar das cidades formam um dos fatores principais da mortalidade precoce no país.

Fukushima atraiu, mais uma vez, os olhares para os riscos das "fábricas" nucleares de eletricidade. Mas a tragédia japonesa não deveria ocultar os impactos ambientais e os riscos associados às diversas outras fontes de produção elétrica.

A geopolítica da dependência hídrica

Aquestão da escassez de água é um dos temas ambientais globais do século XXI. Assim como acontece com a população, os recursos hídricos não estão distribuídos equitativamente pela superfície do planeta. Há regiões onde a água é naturalmente escassa, como as áreas áridas e semiáridas, e mesmo em áreas onde o chamado "ouro azul" é abundante, o aumento do consumo, bem superior ao incremento demográfico, o mau uso e o desperdício já indicam futuros cenários de escassez.

O Índice de Dependência de Água (IDA) permite análises geográficas e geopolíticas interessantes. O IDA mensura a proporção de água renovável, fundamentalmente de origem fluvial, oriunda de fora do território de determinado país. No fundo, oferece um número para a dependência de recursos hídricos controlados por países vizinhos.

Logo de início, obviamente, o índice revela que os países insulares – como Japão, Filipinas, Sri Lanka, Madagascar ou Cuba – exibem dependência zero, pois seus cursos fluviais nascem, fluem e deságuam dentro dos próprios territórios nacionais. Mas tais países são exceções. Na imensa maioria dos casos, a dependência de água oscila em função da com-

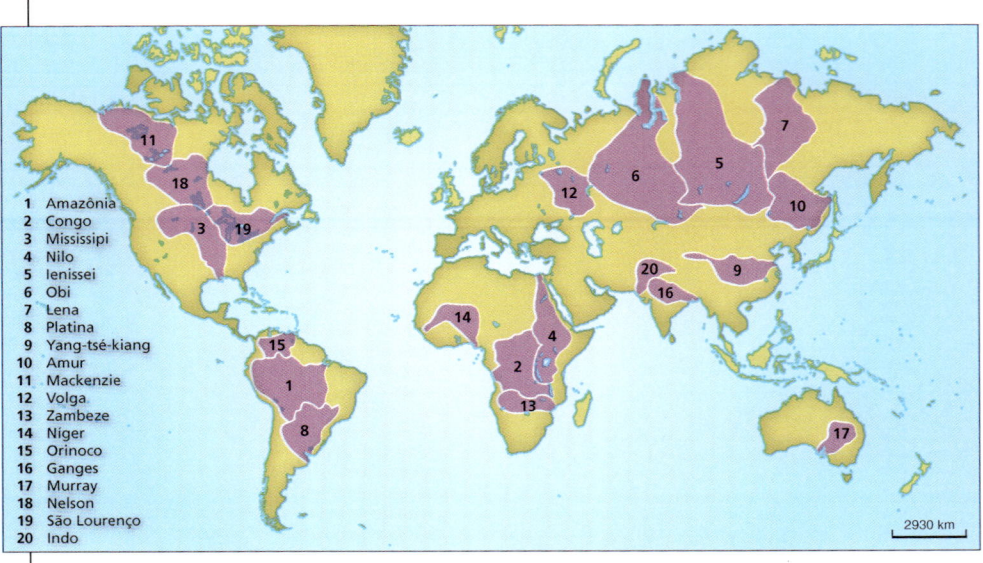

1 Amazônia
2 Congo
3 Mississipi
4 Nilo
5 Ienissei
6 Obi
7 Lena
8 Platina
9 Yang-tsé-kiang
10 Amur
11 Mackenzie
12 Volga
13 Zambeze
14 Níger
15 Orinoco
16 Ganges
17 Murray
18 Nelson
19 São Lourenço
20 Indo

2930 km

Fonte: OLIC, Nelson Bacic. *Geopolítica dos oceanos, mares e rios.* São Paulo: Moderna, 2011. p. 77.

Principais bacias hidrográficas do mundo (as 20 de maior superfície).

binação de variáveis, como o contorno de fronteiras do país, a disposição das unidades do relevo e o desenho das redes hidrográficas. Os casos mais interessantes são os de países de grande extensão territorial ou de países drenados por rios cujas bacias abrangem vários espaços nacionais.

O IDA do Brasil desmente a apreciação do senso comum, segundo o qual não temos maiores dificuldades hídricas. Nosso IDA é de 34%, o que quer dizer que cerca de um terço das águas fluviais do país têm origem fora do território nacional. Se as bacias hidrográficas do São Francisco e do Tocantins-Araguaia são integralmente brasileiras, diversos rios formadores do Amazonas têm seus altos vales na Cordilheira dos Andes. Isso significa que há forte dependência hídrica na área da Amazônia, apesar do controle brasileiro sobre quase 70% da área da bacia.

Na bacia Platina, as coisas se invertem. Como as nascentes e parte considerável do curso dos principais rios formadores da bacia estão em território brasileiro, a dependência hidrográfica de nossos vizinhos platinos é superior ao do Brasil: Argentina (66%), Paraguai (72%), Uruguai (58%) e Bolívia (51%).

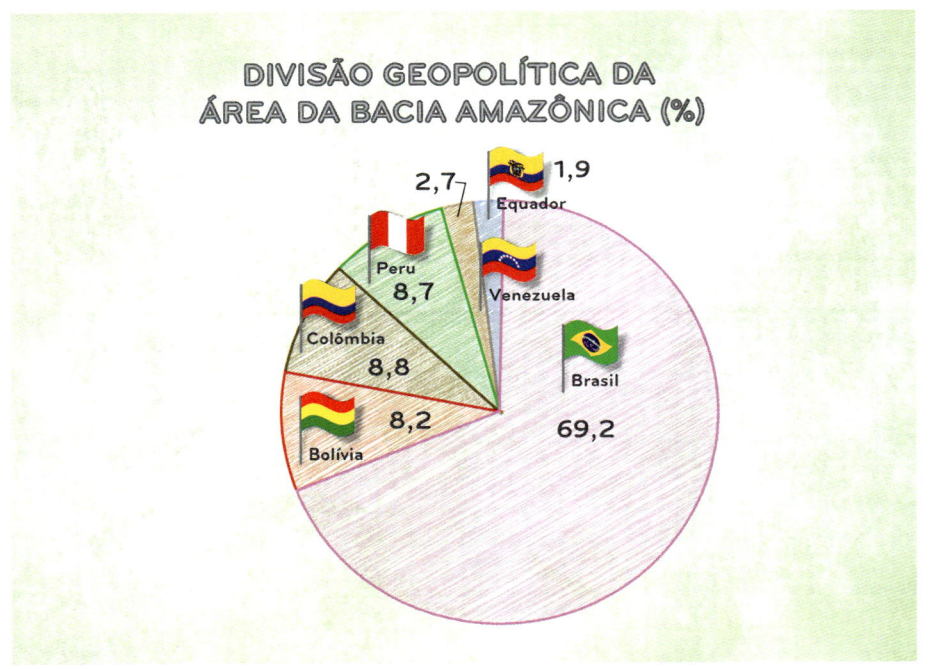

DIVISÃO GEOPOLÍTICA DA
ÁREA DA BACIA AMAZÔNICA (%)

2,7 — Equador 1,9
Peru 8,7
Venezuela
Colômbia 8,8
Brasil 69,2
Bolívia 8,2

Fonte: OLIC, Nelson Bacic. *Geopolítica da América Latina*. São Paulo: Moderna, 1992.

De modo geral, os países de grande extensão territorial apresentam dependência hidrográfica inferior à brasileira. A Rússia possui IDA de apenas 4%, já que a maioria de seus grandes cursos fluviais, como o Obi, o Lena, o Ienissei e o Volga têm suas bacias hidrográficas quase totalmente inscritas no espaço nacional russo. A mesma explicação vale para o Canadá, com IDA de 2%, um reflexo da circunstância de que seus grandes rios – como o Mackenzie, o Iukon e o São Lourenço – drenam fundamentalmente o próprio território canadense. O IDA de 8% dos Estados Unidos explica-se, em grande parte, pelo fato de que seus maiores rios, como o Columbia, têm nascentes no Canadá, e porque o país compartilha com o México a bacia do rio Grande, curso fluvial que serve parcialmente como fronteira entre os dois países.

A China é um caso emblemático. Seu IDA baixíssimo (1%) deriva da configuração territorial do país e da direção oeste-leste de seus principais rios: o Hoang Ho, o Yang Tse-kiang e o Sikiang são exclusivamente chineses. Ademais, no planalto do Tibete chinês estão as nascentes e os altos vales de rios transnacionais. O Bramaputra nasce na China mas atravessa a Índia e Bangladesh. O Irriwady, o Saluem e o Mekong fluem para países do Sudeste Asiático.

As montanhas e altos planaltos do Tibete chinês funcionam como uma espécie de "caixa-d'água" da Ásia Oriental.

Alguns países apresentam índice de dependência hídrica muito elevado, o que tem relevantes consequências geopolíticas. Um exemplo notório é o Egito, com IDA de 97%. Heródoto estava coberto de razão quando disse que "o Egito é uma dádiva do Nilo", referindo-se a um país cujo território estende-se totalmente por áreas desérticas. O Egito é o último dos países servido pelas águas do Nilo, cuja bacia hidrográfica se estende por cerca de uma dezena de espaços nacionais. No extremo oposto, a Etiópia, um dos "vizinhos hidrográficos" do Egito, exibe o surpreendente IDA de zero, igual ao de países insulares. A explicação: os altos planaltos etíopes são dispersores de águas. Neles, aliás, estão as nascentes do Nilo Azul e do Atbara, dois dos maiores afluentes do chamado Nilo Branco.

Na Europa centro-oriental, os índices de dependência variam bastante, mas chama a atenção o caso da Hungria, com IDA de 94%. O território húngaro, cercado pelas cadeias montanhosas dos Alpes, dos Cárpatos, dos Alpes Dináricos e dos Bálcãs, está integralmente situado na planície húngara e é drenado quase apenas pelo rio Danúbio. A bacia danubiana se espraia por territórios de uma dezena de países, muitos dos quais a montante da Hungria. A Alemanha, onde estão as nascentes do Danúbio, tem índice de 31%, basicamente porque também recebe águas do Reno, cujas nascentes estão na Suíça. Já a Holanda, situada no baixo vale do Reno, exibe IDA de 88%.

Há combinações altamente desfavoráveis. Países com IDA elevado, situados em regiões de escassez de água e cortados por rios que atravessam vários territórios nacionais, são, como regra, sujeitos a tensões geopolíticas importantes. Dois exemplos clássicos são o Iraque (IDA de 53%) e a Síria (IDA de 80%). Ambos dependem dos rios Tigre e Eufrates, cujas nascentes estão na Turquia (IDA de 1%).

Caminhos ecológicos da urbanização

Atualmente, a população mundial é de aproximadamente 7,1 bilhões de pessoas, e esse número deverá atingir a cifra de 9 bilhões por volta de 2050. Na virada da primeira para a segunda década do século XXI, pela primeira vez na história da humanidade, o mundo passou a ter mais pessoas vivendo nas áreas urbanas que nas rurais. Estimativas apontam para o fato de que, em 2020, a população urbana do mundo chegará a 55% do total e, em 2050, pelo menos dois terços da humanidade estará vivendo nas cidades.

O maior crescimento da população urbana nas próximas décadas ocorrerá nas regiões menos desenvolvidas do mundo, com destaque para a África, mas principalmente na Índia e China, justamente os dois países que concentram atualmente pouco mais de 60% do contingente demográfico mundial.

As áreas urbanas serão, cada vez mais, os cenários dos maiores problemas ambientais da humanidade e, paradoxalmente, das soluções mais inovadoras e criativas em relação a um ambiente mais saudável para as pessoas que elas abrigam. Nesse sentido, há bons exemplos no mundo, como as ci-

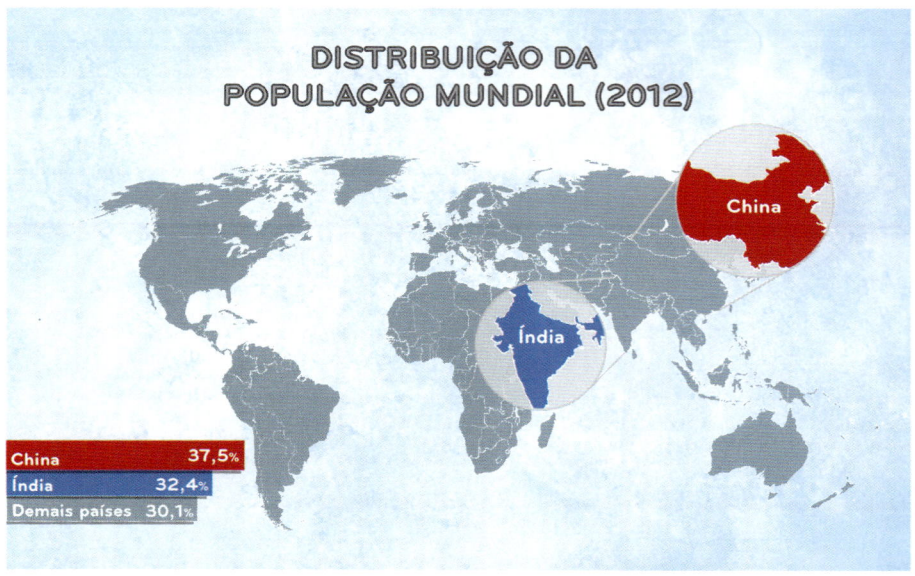

Fonte: *Almanaque Abril*, 2013.

dades de Reikjavik (Islândia), Copenhague (Dinamarca), Portland (Estados Unidos), Vancouver (Canadá) e Malmo (Suécia), que estão sempre nas listas das cidades consideradas as "mais verdes" do mundo. No Brasil, a que se aproxima mais desse grupo seleto de núcleos urbanos é Curitiba.

Nos próximos anos, a China será o palco da maior migração humana da história. Centenas de milhões de chineses deixarão as zonas rurais em direção às cidades, e cerca de 400 novos núcleos urbanos serão construídos no país. Atualmente, cerca de 650 milhões de chineses moram nas cidades, e a expectativa é que pelo menos mais 350 milhões de pessoas se incorporem à população urbana nos próximos 20 anos. Estima-se que até 2025 a China terá pelo menos 200 cidades com mais de 1 milhão de habitantes.

Durante muito tempo, os dirigentes chineses se preocuparam em fazer crescer sua economia e manter um alto incremento econômico a qualquer preço, estratégia que foi obtida com enorme custo em termos ambientais. Por exemplo, isso pode ser avaliado pelo fato de que, até pouco tempo, das 100 cidades mais poluídas do mundo, 75 localizavam-se no território chinês.

Vale lembrar também que, recentemente, a China se transformou no país com maiores emissões de gases do efeito estufa, ultrapassando os Estados Unidos. Grande parte dessa situação se deve ao fato de que a matriz energética chinesa é baseada em hidrocarbonetos (cerca de 80%), com destaque especial para o carvão (aproximadamente 65%), justamente a mais poluente dessas fontes energéticas.

Todavia, nos últimos anos, os discursos dos líderes do país passaram a sinalizar certa mudança de rumos, propondo um novo patamar de desenvolvimento, que teria como intuito a edificação de "uma sociedade respeitadora do meio ambiente". A procura por um modelo mais "verde", de baixo carbono, tem sido motivada pelo reconhecimento de que o desenvolvimento baseado no intensivo consumo de fontes energéticas, extremamente poluentes, não pode ser sustentado por um longo período.

Foi nesse contexto que, na metade da década passada, o governo municipal de Xangai anunciou um ambicioso projeto que poderá dar origem à primeira ecocidade do mundo. A cidade de Dongtan, ou praia do leste, está sendo construída na ilha de Chongming, junto ao delta do rio Iangtsé, ao norte de Xangai. Ela deverá ocupar uma área de pouco menos de 90 km^2 e abrigar 10 mil pessoas em 2010 e, aproximadamente, meio milhão de habitantes por volta de 2050.

Paradoxos ambientais

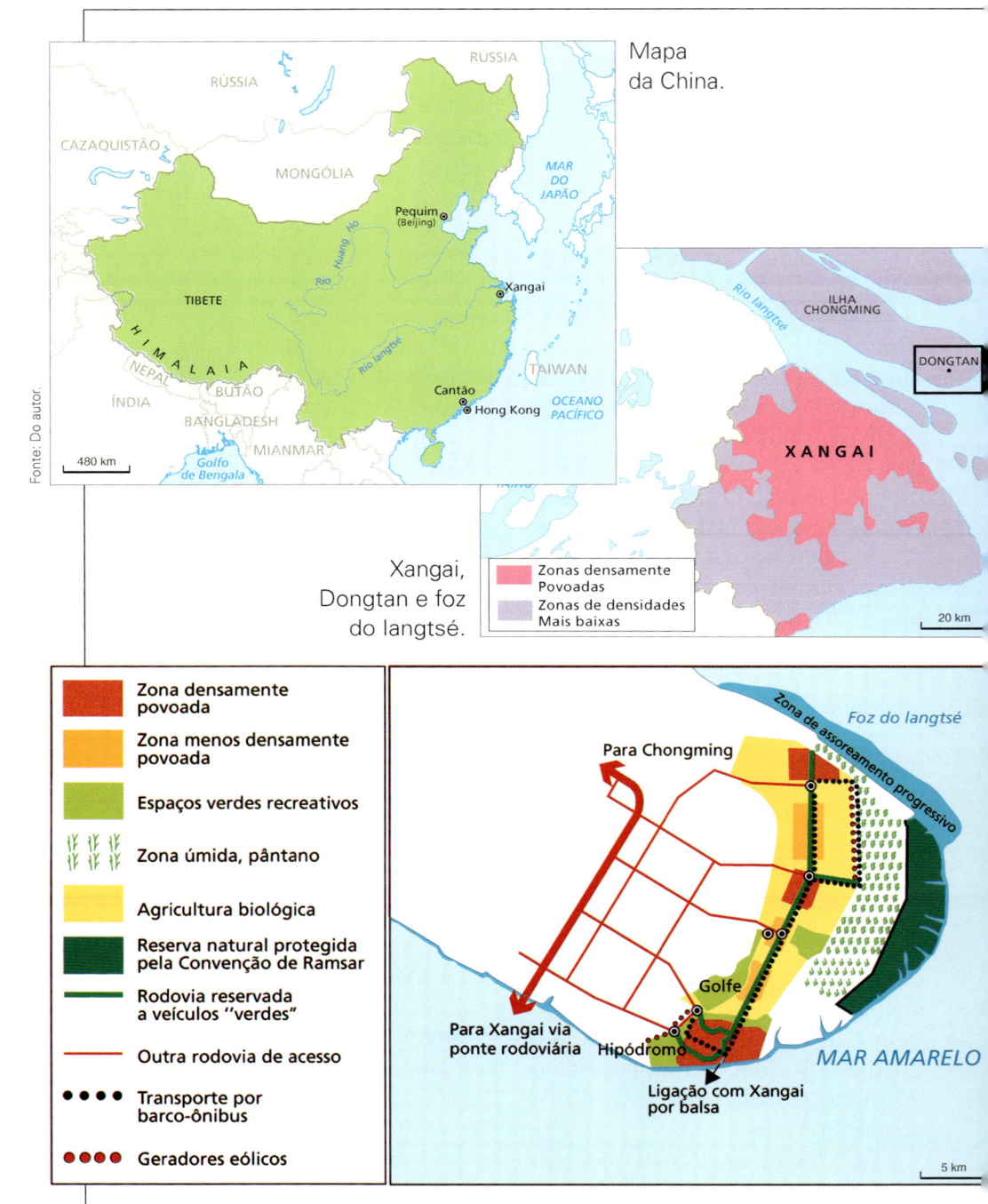

Mapa da China.

Fonte: Do autor.

480 km

Xangai, Dongtan e foz do langtsé.

Zonas densamente Povoadas
Zonas de densidades Mais baixas

20 km

Zona densamente povoada

Zona menos densamente povoada

Espaços verdes recreativos

Zona úmida, pântano

Agricultura biológica

Reserva natural protegida pela Convenção de Ramsar

Rodovia reservada a veículos "verdes"

Outra rodovia de acesso

Transporte por barco-ônibus

Geradores eólicos

Detalhe da região de Dongtan.

106

Inspirada num projeto desenvolvido pela empresa inglesa Arup, e sob a supervisão do arquiteto chileno Alejandro Gutierrez, a cidade tem como meta fazer com que seus habitantes consumam apenas dois terços da energia normalmente utilizada por moradores urbanos, reduzindo praticamente a zero as emissões de gases do efeito estufa. Dongtan gerará toda a energia que consumir contando com geradores eólicos e painéis solares instalados sobre as casas. Os resíduos orgânicos fornecerão energia para a produção de biogás e adubo.

Os imóveis não poderão ter mais que oito andares, e nesses edifícios serão instalados em seus telhados pequenas turbinas eólicas que produzirão toda a energia necessária para seus moradores. Serão também utilizados nas construções materiais existentes na própria região, e o isolamento térmico, a ventilação natural e a exposição das fachadas das casas em relação ao trajeto do sol permitirão uma economia de 70% de energia em comparação às casas convencionais.

Um cuidado especial foi tomado em relação à mobilidade urbana, estimulando os trajetos que seriam feitos prioritariamente a pé. Os pedestres terão calçadas mais largas e, além disso, haverá uma importante rede de ciclovias. Todo morador chegará a um transporte público, no máximo, em sete minutos. Os bairros de Dongtan serão ligados por canais por onde circularão barcos movidos a energia solar, ou por terra, com o uso de ônibus movidos a hidrogênio, ou, ainda, pequenos veículos elétricos. As pessoas vindas de fora da cidade chegariam a um local determinado da costa, onde deixariam os seus carros e percorreriam a cidade como pedestres, ciclistas ou usando os transportes públicos.

Originalmente, a cidade deveria ter sido inaugurada em 2010 durante a Exposição Mundial de Xangai, mas dadas as dificuldades especialmente políticas de implantação, isso não aconteceu. Atualmente, parece que o objetivo dessa ecocidade será o de atender a população mais abastada de Xangai que para ali se dirigiria nos finais de semana.

Será que as ambições econômicas serão compatíveis com os princípios ecológicos? O tempo se incumbirá de dar essa resposta, já que ainda há um longo caminho para que projetos como esse se tornem realidade.

A Rio+20 e seus impasses

Vinte anos depois, o Rio de Janeiro deveria promover a celebração e retomada do ambicioso projeto lançado pela Conferência das Nações Unidas sobre Meio Ambiente e Desenvolvimento (Eco-92). Mas a Conferência das Nações Unidas para o Desenvolvimento Sustentável (Rio+20), realizada em junho de 2012, não teve quase nada para comemorar.

A partir de 1972, passaram a ser realizadas conferências mundiais sobre o meio ambiente, a intervalos de duas décadas. A primeira, em Estocolmo (Suécia), ficou marcada pelos dilemas postos pelo ecomalthusianismo. A segunda, a Eco-92, como ficou conhecida, atraiu líderes de todas as nações do planeta e adotou decisões ousadas. Nela surgiram as convenções sobre o clima e a biodiversidade, além da Agenda 21, que definiu iniciativas de longo prazo baseadas no conceito de desenvolvimento sustentável. Sob os auspícios da Convenção do Clima, seria firmado mais tarde o Protocolo de Kyoto, que fixou metas para a redução das emissões dos gases do efeito estufa.

Do Rio-92 ao Rio-2012, o cenário global conheceu mudanças vertiginosas. A população mundial, de cerca de 5,3 bilhões, superou a marca de 7 bilhões e poderá chegar a 9 bilhões em 2050. A desaceleração das taxas de crescimento vegetativo não evitou uma expansão demográfica absoluta, que tem impactos extensivos sobre os sistemas naturais. Em 2009, pela primeira vez na história, registrou-se que a população urbana superou a rural. As projeções indicam que, em 2050, três quartos da humanidade viverão em aglomerações urbanas. As cidades são vorazes consumidoras de bens industrializados e geram quantidades imensas de lixo. Daí, a importância crescente das questões ambientais urbanas.

O Terceiro Mundo se transformou. Na última década, em todo o mundo, pelo menos meio bilhão de pessoas escapou à pobreza. A emergência dessa "nova classe média" foi acompanhada por uma explosão de consumo nos chamados "países emergentes". O expressivo aumento na produção e no consumo refletiu-se em avanços em vários indicadores socioeconômicos.

A emissão de gases do efeito estufa também se acelerou e, ao longo de duas décadas, as temperaturas globais experimentaram aumento de 0,4°C. Em 2011, a geração de energia, a indústria e a destruição de florestas responderam por mais de 60% das emissões. As fontes energéticas

Fonte: citado na Revista *CEO-Exame*, abril de 2012, p. 25.

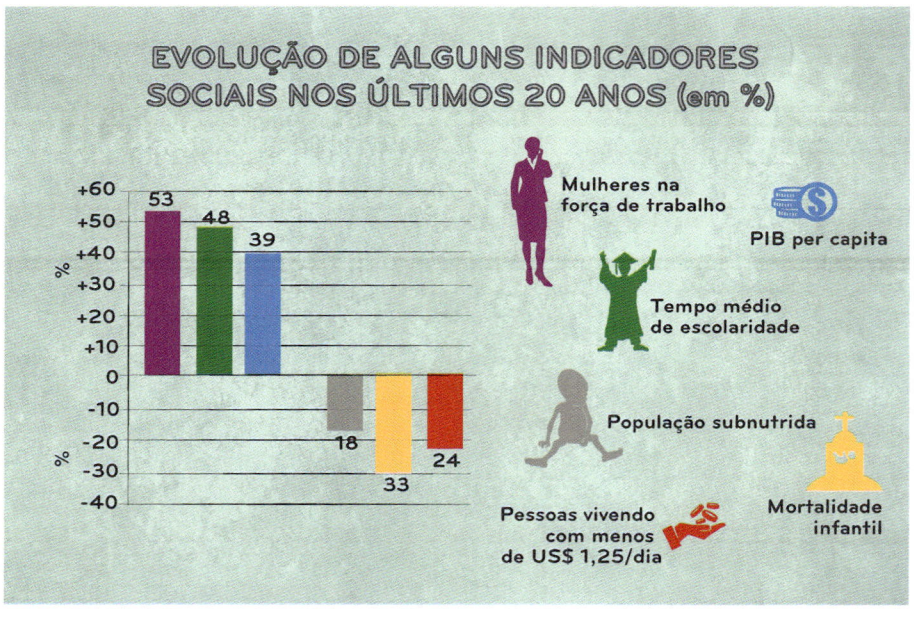

Fonte: citado na Revista *CEO-Exame*, abril de 2012, p. 25.

Paradoxos ambientais

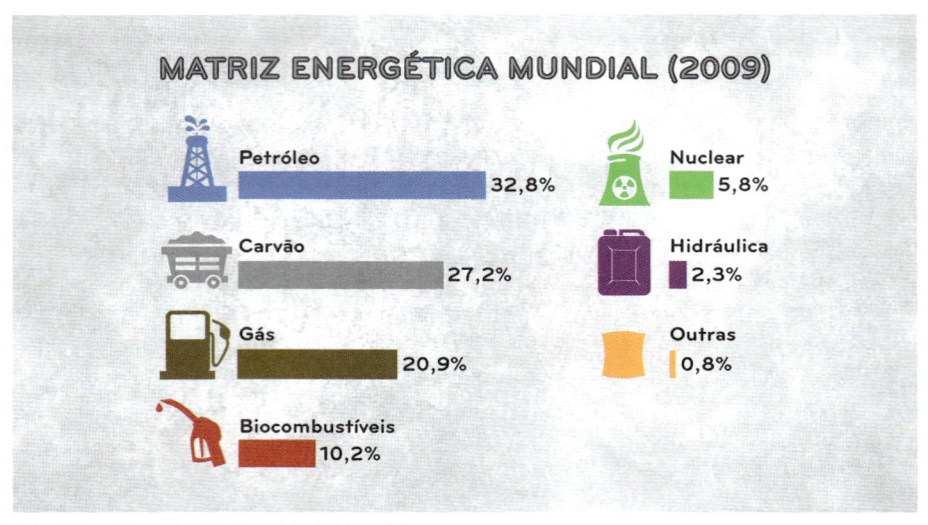

MATRIZ ENERGÉTICA MUNDIAL (2009)

Petróleo 32,8%

Carvão 27,2%

Gás 20,9%

Biocombustíveis 10,2%

Nuclear 5,8%

Hidráulica 2,3%

Outras 0,8%

Fonte: Agência Internacional de Energia. Relatório de 2011.

responsáveis pelas maiores emissões resultam da queima de petróleo, carvão e gás, que respondem atualmente por cerca de 80% da matriz energética mundial. A biodiversidade nas regiões tropicais sofreu declínio acentuado devido às elevadas taxas de desmatamento e da transformação de terras agrícolas em pastagens. Nas últimas duas décadas, mais 30 milhões de hectares de florestas originais foram convertidas para usos econômicos ou perdidas por causas naturais.

A Eco-92 realizou-se em meio ao otimismo provocado pelo encerramento da Guerra Fria. A Rio+20, em meio ao pessimismo gerado pela crise econômica global. A crise afetou primeiramente as economias mais desenvolvidas do mundo, e funcionou como pre-

texto para que vários líderes deixassem de comparecer ao evento.

Na falta de tratados negociados previamente, a Rio+20 investiu em debates genéricos. Desenvolvimento sustentável e "economia verde" foram as expressões mais repetidas. Nos dois casos, as formulações procuraram associar o tema do desenvolvimento econômico e da redução da pobreza com o da proteção dos recursos e sistemas naturais.

Os quase 200 países participantes firmaram um documento final carente de substância. A declaração final apenas reafirmou decisões adotadas anteriormente. Não estabeleceu metas gerais a serem cumpridas e atribuiu a cada país a tomada de decisões para a implementação de estratégias na direção de uma "economia de baixo carbono". Os verbos escolhidos para preencher as inúmeras páginas do texto – "apelar", "reconhecer", "encorajar" e "reafirmar" – comprovaram o impasse.

Durante a Eco-92, surgiu o conceito de "responsabilidade comum, porém diferenciada" sobre os temas ambientais globais. Ele atribuía às nações mais desenvolvidas a responsabilidade histórica sobre os grandes problemas ambientais. Com base nesse conceito, o Protocolo de Kyoto estabeleceu metas compulsórias de redução de emissões apenas para os países desenvolvidos. Hoje, o método da divisão desigual de responsabilidades parece ter se esgotado.

Na preparação para a Rio+20, os Estados Unidos e a União Europeia tentaram estender as responsabilidades principais para os "países emergentes", usando como argumento as mudanças recentes na distribuição mundial do poder e da riqueza. O exemplo mais enfatizado: a China converteu-se no maior emissor absoluto de gases do efeito estufa, ultrapassando os Estados Unidos – embora as emissões *per capita* norte-americanas continuem muito superiores às chinesas. Os países que compõem o Brics, contudo, não aceitaram a ideia de compartilhar responsabilidades semelhantes às das nações desenvolvidas. O fracasso quase total da Rio+20 derivou desse impasse, tendo como pano de fundo uma crise econômica mundial, cuja extensão e profundidade não estavam claras em 2012.

Que a esperança renasça na Rio+40!

As águas do Nilo inquietam o Egito

O rio Nilo, com seus 6,7 mil quilômetros de extensão, figura juntamente como o Amazonas como um dos dois mais extensos cursos d'água do mundo. Entre suas nascentes, na região dos Grandes Lagos africanos, e o grande delta, no Mediterrâneo, os rios que compõem a bacia do Nilo drenam dez países.

No alto vale, onde suas águas fluem pelos territórios de Ruanda, Burundi e Uganda, o Nilo e seus afluentes são alimentados pelas chuvas equatoriais e tropicais. Adentrando o Sudão, atravessa os pântanos do Sudd, onde recebe inúmeros afluentes. Nessa área, o rio corre muito lentamente em razão das condições de solo e relevo, tornando a evaporação muito intensa, o que resulta em balanço hídrico negativo. No Sudd, mais da metade do débito fluvial do rio se perde por evaporação.

Um estudo de 1958 sugeria uma série de ações para aumentar a quantidade de água que chegaria às terras do Egito. A principal ação era concluir a construção do canal de Jonglei, iniciado pelos britânicos no final do século XIX, com a finalidade de fazer o Nilo correr mais rapidamente nos pântanos do Sudd, eliminando a grande curva que o rio descreve nessa região. O aumento da velocidade das águas reduziria os efeitos da intensa evaporação. O plano não foi adiante e o governo egípcio preferiu jogar suas fichas na construção da barragem de Assuã, localizada nas proximidades da fronteira com o Sudão. As obras do canal permanecem inconclusas até hoje.

Mais ao norte, o Nilo – também chamado de Nilo Branco – recebe pela margem direita o Nilo Azul, um afluente cuja origem se encontra nos altos planaltos da Etiópia. As águas do Nilo Azul aumentam consideravelmente o débito do rio e modificam seu regime fluvial. A partir da confluência desses dois rios, no norte do Sudão, o grande rio não recebe mais nenhum afluente. Assim, parte do médio vale e a totalidade do baixo vale do Nilo, pertencentes ao Egito, são alimentados essencialmente pelas águas originárias do planalto da Etiópia, que formam quase 90% de seu débito.

Por conta de suas condições climáticas, o Egito possui área agrícola aproveitável muito pequena, quase toda ela situada ao longo das margens do Nilo. Além disso, a população egípcia exibe crescimento expressivo. Atualmente, o efetivo demográfico do país é superior a 80 milhões, e as previsões apontam para algo em

A extensa bacia do Nilo.

Fonte: OLIC, Nelson Bacic. *Geopolítica dos oceanos, mares e rios.* São Paulo: Moderna, 2011. p. 80.

torno de 120 milhões por volta de 2040. Cerca de 95% das águas do grande rio que percorrem terras egípcias originam-se em países vizinhos.

Aproveitando-se de sua posição de potência dominante da bacia fluvial, o Egito estabeleceu acordos com alguns dos vizinhos meridionais para impedir desvios das águas do Nilo. Mesmo assim, a escassez de água já é uma realidade. Em 1972, cada egípcio consumia 1.600 m^3 de água por ano. Em 1992, a cota disponível reduziu-se para 1.200 m^3. Atualmente, a disponibilidade de água por habitante é inferior a 800 m^3. O grande receio do Egito é que, um dia, em razão de uma maior utilização dos recursos hídricos por parte de seus vizinhos situados à montante (Sudão e Etiópia, principalmente), a escassez alcance um ponto crítico. Em 1979, depois da conclusão da paz com Israel, o então presidente egípcio Anuar Sadat chegou a identificar a água como única causa capaz de conduzir seu país a uma nova guerra.

O aumento da população e o desejo de desenvolvimento econômico por parte dos países que estão à montante do Egito originaram projetos de utilização dos recursos hídricos da bacia hidrográfica. A Tanzânia e o Quênia, por exemplo, têm declarado que não aceitam qualquer tipo de res-trição ao uso de seus recursos hídricos, tanto os do lago Vitória, quanto do próprio Nilo. Essas declarações são vistas pelos egípcios como assunto que afeta sua segurança nacional.

O tema da repartição dos recursos hídricos da bacia apareceu quando os britânicos passaram a desenvolver a cultura de algodão no Sudão. Desde sua independência, em 1922, o Egito obteve da Grã-Bretanha a promessa de que seria indispensável a concordância egípcia para a construção de qualquer obra sobre o Nilo nas possessões britânicas localizadas rio acima. Em 1929, foi fechado um acordo entre o Egito e o Sudão (na época, colônia britânica) de partilha das águas do Nilo. O acordo, contudo, simplesmente ignorou os interesses de outros países e colônias com terras na bacia hidrográfica. Em 1959, firmou-se novo acordo de repartição das águas do Nilo entre Egito e Sudão. Mais uma vez, não se fez nenhuma menção a outros países com terras drenadas pela bacia. Por conta disso, países como a Etiópia, o Quênia e a Tanzânia não se vêm obrigados a justificar o uso de suas águas ao Egito. As autoridades egípcias, por sua vez, interpretam quase como "atos de guerra" qualquer uso das águas sem o seu consentimento.

O Egito usa cerca de 85% de seus recursos hídricos para atividades agrícolas, contra uma média mundial de 70%. Confrontado com o dilema da segurança alimentar, o país se esforça para promover programas de reciclagem de água. Ao mesmo tempo, incentiva a ocupação e valorização de áreas desérticas, utilizando água dos lençóis subterrâneos. Isso, porém, revela-se insuficiente. Cedo ou tarde, o país terá que abandonar o sistema de uso gratuito das águas pelos agricultores, encorajando novas técnicas de irrigação que não desperdicem o precioso líquido.

Um olhar sobre as grandes florestas

Entre os grandes problemas ambientais de que a humanidade se ressente nos dias atuais destaca-se a destruição das florestas, cujo desmatamento acentua o aumento das temperaturas globais e afeta os níveis de biodiversidade.

As áreas florestais do mundo cobrem aproximadamente 31% das terras emersas do planeta, mas deve-se destacar que elas apresentam significativas diferenças paisagísticas em função das condições climáticas e de solo das regiões em que se situam, e também pelas formas de exploração feitas pelo homem.

De maneira geral, as áreas florestais do mundo situam-se em quatro conjuntos. A imensa floresta boreal (fundamentalmente a taiga), que se estende pela porção setentrional da Eurásia, especialmente a Rússia; a floresta boreal do Canadá, Alasca e noroeste dos Estados Unidos; a Amazônica; e aquela existente na África Central. Em termos continentais, o continente americano é aquele que apresenta as mais extensas áreas recobertas por formações florestais, como pode ser constatado no gráfico que vem a seguir.

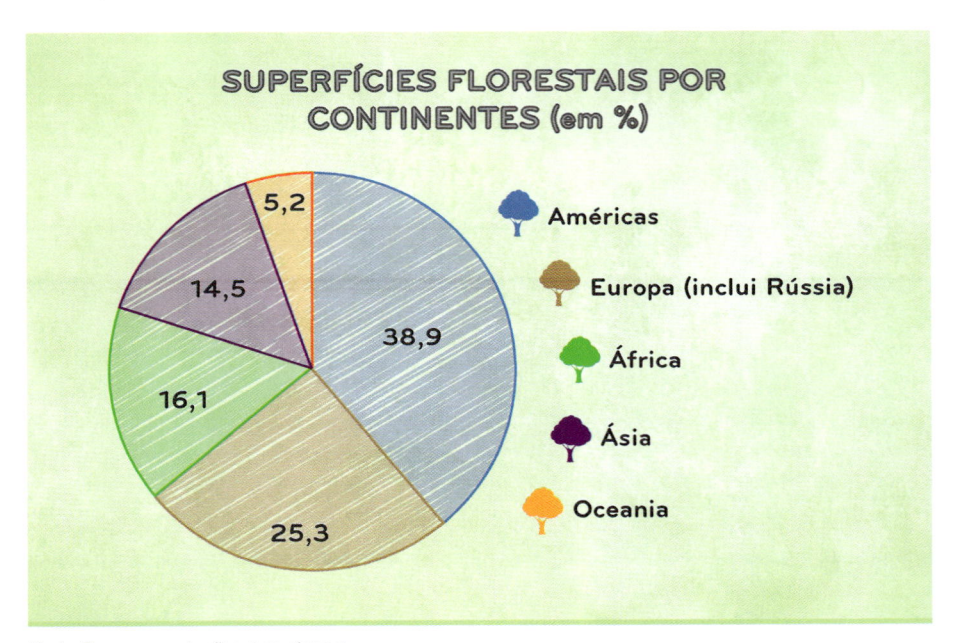

Fonte: *Ressources naturelles et peuplement.*

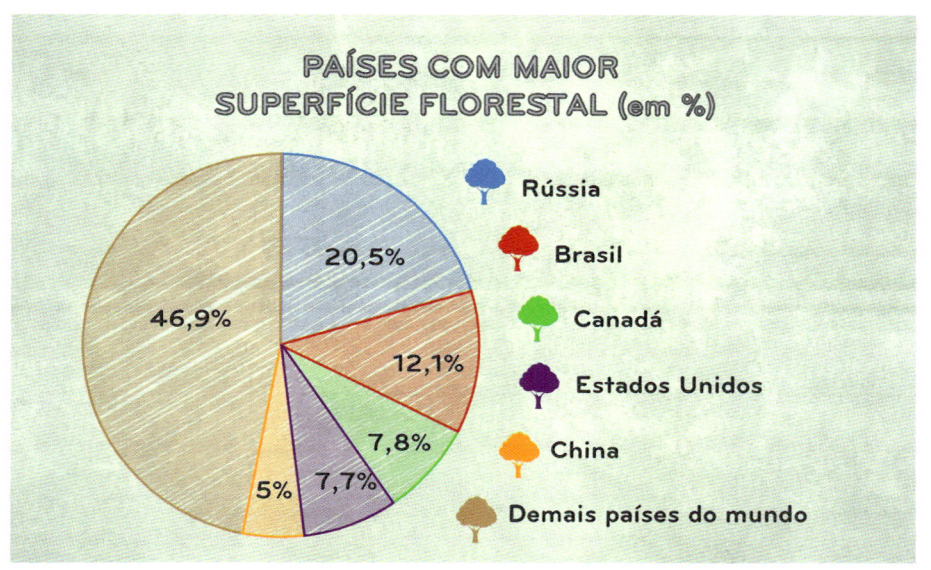

PAÍSES COM MAIOR SUPERFÍCIE FLORESTAL (em %)

- 🌳 Rússia — 20,5%
- 🌳 Brasil — 12,1%
- 🌳 Canadá — 7,8%
- 🌳 Estados Unidos — 7,7%
- 🌳 China — 5%
- 🌳 Demais países do mundo — 46,9%

Fonte: *Ressources naturelles et peuplement.*

As florestas boreais correspondem ao maior conjunto de formações arbóreas, abrangendo 42% de toda a área florestal do mundo. Mas, como grande parte dessas florestas se localiza em médias e altas latitudes e sofrem com invernos frios e longos, seu crescimento, produtividade e biodiversidade são baixos. Em contrapartida, as florestas tropicais, por conta de seu clima quente e úmido, tem uma produtividade bem mais elevada e apresentam maior biomassa, apesar de ocuparem apenas 30% da superfície do planeta.

Uma parte considerável dos recursos florestais do mundo se localiza num pequeno número de países de grande extensão territorial, como é o caso da Rússia e do Canadá, no que se refere às florestas boreais, e ao Brasil e República Democrática do Congo, em termos das florestas tropicais e equatoriais. Cinco países – Rússia, Brasil, Canadá, Estados Unidos e China – concentram pouco mais da metade das formações florestais do mundo.

O processo de desmatamento em curso na atualidade tem progredido não só por conta da exploração dos recursos que as próprias florestas oferecem, como a madeira, mas fundamentalmente pela expansão de novas terras dedicadas à agropecuária, que correspondem a três quartos da redução das superfícies das formações florestais do mundo.

No período 2000/2010, perderam-se cerca de 13 milhões de hectares por ano de florestas, superfície equivalente à area de países como a Grécia, embora o desmatamento dessa década tenha sido um pouco inferior ao registrado na década de 1990 (16 milhões de hectares/ano). Nos últimos 20 anos, o desflorestamento afetou quase 3 milhões de km^2, área que corresponde aproximadamente à superfície da Índia. O desmatamento tem sido mais forte na América Latina, África Subsaariana e Ásia Meridional, sendo o Brasil e a Indonésia os países que lideram essa triste estatística.

É interessante notar também que vem ocorrendo um importante processo de reflorestamento. Depois de 1990, a superfície de florestas plantadas no mundo cresceu 40%. Em 2010, elas representavam 264 milhões de hectares, cerca de 7% da superfície total das florestas. Todavia, deve-se levar em consideração que parte considerável desse reflorestamento é representada por árvores de utilização comercial, como o eucalipto e o pinus.

Aquecimento global acirra disputas no Ártico

Em agosto de 2007, uma expedição científica russa completou uma missão histórica carregada de significados políticos: depositou uma bandeira da Rússia no fundo do oceano Ártico, num gesto destinado a fortalecer as reivindicações do país sobre áreas dessa região do mundo. A equipe russa chegou à latitude de 86° N, bem próximo do polo geográfico, abriu um buraco na superfície gelada do oceano Ártico, por onde entraram dois pequenos submarinos tripulados, que desceram a mais de 4,2 mil metros de profundidade, colheram material de pesquisa e depositaram a bandeira do país no fundo oceânico.

Com o material recolhido, a expedição pretendeu provar que a cordilheira submarina Lomonosov faz parte da plataforma continental da Sibéria. De acordo com Moscou, essas evidências científicas seriam suficientes para provar que a soberania sobre a área, hoje compartilhada com outros países da bacia do Ártico, deve ser entregue exclusivamente à Rússia.

O Ártico designa o conjunto geográfico formado pela zona polar do hemisfério norte e o oceano glacial, situado entre a América do Norte e a massa continental euroasiática. O oceano Glacial Ártico recobre uma superfície de 12 milhões de km^2, que se comunica com o Pacífico, através do estreito de Bering (Passagem Noroeste), com o Atlântico, pela estreita baía de Baffin, mas também por uma passagem mais ampla entre a Groenlândia, noroeste da Rússia e Península Escandinava (Passagem Nordeste). As geladas águas do oceano Ártico banham os litorais de cinco países: Rússia, Groenlândia (território de soberania dinamarquesa), Canadá, Estados Unidos (por conta do Alasca) e Noruega.

Durante muito tempo o Ártico foi uma área marginal do mundo, que nem era mostrada nos mapas elaborados na tradicional projeção de Mercator. Somente no século XX, através dos avanços tecnológicos (uso de aviões, navios quebra-gelo e submarinos) e, principalmente, do antagonismo soviético-norte-americano da Guerra Fria é que a importância estratégica da região ficou evidenciada. Há pelo menos duas dezenas de bases militares russas e norte-americanas no Ártico e em suas circunvizinhanças.

Até recentemente, grandes extensões do Ártico não eram navegáveis. Sua superfície permanentemente congelada era apenas

Paradoxos ambientais

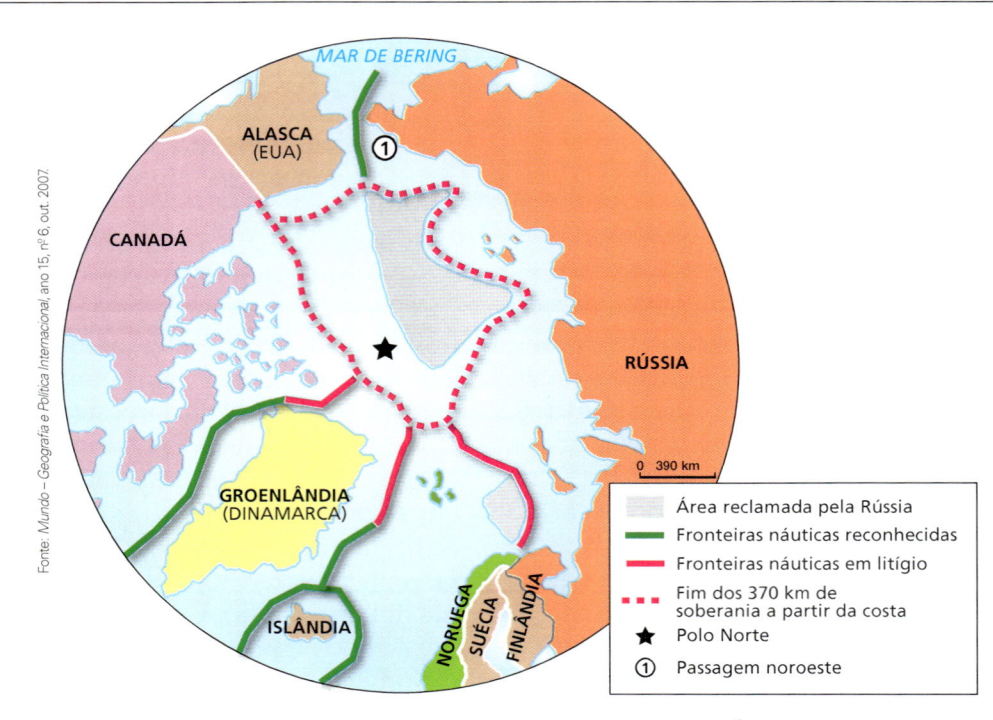

Fonte: *Mundo – Geografia e Política Internacional*, ano 15, nº 6, out. 2007.

A "guerra gelada" pelo Ártico.

"cortada", de forma esporádica, por navios quebra-gelo soviéticos e, depois, russos. Somente algumas regiões marítimas costeiras eram de utilização mais frequente, como as passagens Nordeste (regularmente usadas pelos russos) e a Noroeste (de forma eventual por norte-americanos e canadenses).

O aquecimento global do planeta, possivelmente decorrente do aumento das emissões de gases do efeito estufa, está mudando o panorama físico e geopolítico do Ártico. O gradativo derretimento da calota gelada ártica gera consequências dramáticas, como a possível extinção de espécies da fauna, entre as quais o urso polar. Segundo uma teoria, recentemente contestada, o fenômeno também poderia afetar a corrente do Golfo, que funciona como uma espécie de regulador térmico das áreas norte-ocidentais da Europa. Além disso, o modo de vida tradicional dos *inuits* (esquimós) será colocado em perigo e inúmeras edificações erigidas nas fraldas árticas da América do Norte e Eurásia (como estradas, bases militares e aeroportos), sobre o solo permanentemente gelado, correm o risco de desabamento.

O derretimento do gelo ártico já faz com que a Passagem Noroeste apresente dias cada vez mais propícios à navegação regular. Alguns cientistas profetizam que o oceano Ártico estará totalmente livre do gelo até 2040. Bem antes disso, o uso quase permanente do oceano boreal para a navegação permitiria encurtar em um terço a distância que separa a Ásia da Europa, com óbvios ganhos para o comércio internacional e novas perspectivas geopolíticas e militares. Hoje, usando-se o canal do Panamá, a distância entre Europa e Ásia oriental é de cerca de 23,3 mil quilômetros. A rota ártica reduziria o percurso para aproximadamente 14,6 mil quilômetros, o que significa uma economia de quase uma semana de navegação.

Os dividendos econômicos da abertura do Ártico não se circunscrevem à navegação. Especialistas estimam que cerca de 25% das reservas ainda não conhecidas de petróleo estejam nas profundezas geladas do Ártico. É provável que existam outros importantes recursos minerais, que se somariam ao surgimento de novas zonas pesqueiras para a captura de espécies valiosas. Até poucos anos atrás, as pesquisas dos recursos da região eram muito caras e as disputas referentes à soberania das águas congeladas pouco significavam. Contudo, o lento e contínuo derretimento da calota polar reflete-se na definição de interesses políticos e empresariais e no acirramento das disputas.

A Convenção das Nações Unidas sobre o Direito do Mar, de 1982, garantiu aos Estados costeiros a exploração econômica exclusiva numa faixa de 200 milhas marítimas, ou cerca de 370 quilômetros. Em certos casos, abriu a possibilidade para alguns países de reivindicar uma Zona Econômica Exclusiva ainda mais larga, recobrindo toda a plataforma continental. Os países que desejavam formalizar novas reivindicações tiveram de apresentar seus motivos às Nações Unidas até 2009. É isso que explica a pressa da Rússia na exploração do Ártico e na cartografia da cordilheira Lomonosov.

As disputas sobre o Ártico apresentam significativa complexidade. Os Estados Unidos ainda não ratificaram a Convenção das Nações Unidas sobre o Direito do Mar. Além da reivindicação da Rússia, Estados Unidos e Canadá mantêm polêmicas não resolvidas a respeito dos direitos sobre a Passagem Noroeste. Noruega e Rússia têm um contencioso sobre o mar de Barents; Canadá e Dinamarca disputam uma pequena ilha próxima da Groenlândia. O parlamento russo não ratificou um acordo com os Estados Unidos sobre o mar de Bering. Será que, depois da Guerra Fria, teremos uma "Guerra Gelada"?

No Volga, pulsa o "coração" da Rússia

De forma tradicional e genérica, o imenso território da Rússia é dividido em dois grandes espaços: a Rússia europeia e a Rússia asiática, separadas pelos montes Urais. É na porção europeia que se situa a bacia do rio Volga. Ela compreende mais de 1,3 milhão de km², e o rio que lhe dá nome nasce no planalto de Valdai (conjunto de colinas cuja altitude máxima não chega a 400 metros), corre no sentido norte-sul e, após percorrer cerca de 3.700 qui-

lômetros, deságua no mar Cáspio através de um grande delta.

A topografia aplainada da Planície Russa, drenada pelo grande rio, permitiu que vários cursos fluviais que fluem pela imensa área, inclusive os que não pertencem à bacia do Volga, tenham nascentes muito próximas uma das outras. Tal condição natural ofereceu a possibilidade de interligação, relativamente fácil, das diferentes bacias. Foi assim que, tendo o Volga como eixo principal, construíram-se barragens, eclusas e canais, interconectando uma densa rede fluvial e propiciando a plena navegação por cerca de 4 mil quilômetros de vias aquáticas.

Fonte: Do autor.

A região da bacia do rio Volga.

As conexões fluviais oferecem saídas marítimas. Através do Volga e dos canais da Planície Russa, as embarcações podem atingir os mares Báltico, Branco, Cáspio, Azov e Negro. Todo o conjunto, denominado Sistema dos Cinco Mares, é responsável pelo transporte de mais de 60% das cargas e cerca de 80% dos passageiros que usam as vias aquáticas da Rússia.

A complexa obra de engenharia do Sistema dos Cinco Mares valorizou a posição da cidade de Moscou. A capital russa, apesar de situada a aproximadamente 700 quilômetros do litoral mais próximo, foi transformada no principal porto de todo o sistema. Dez das onze cidades com mais de 800 mil habitantes situadas na Rússia europeia são servidas pelo sistema. Durante o inverno, os rios e canais experimentam congelamento da camada líquida superficial, mas, devido à relevância do sistema para a economia russa, frotas de navios quebra-gelo garantem a navegabilidade ininterrupta.

Entre as cidades da região, além de Moscou, destaca-se Volgogrado, nome atual da antiga Stalingrado. O centro urbano, localizado no baixo vale do Volga, é uma fonte de significados históricos, geopolíticos e simbólicos para o povo russo. Ali se travou, há pouco mais de 70 anos, a Batalha de Stalingrado, que mudou o curso da Segunda Guerra Mundial (1939-1945).

A indústria é o motor da economia de amplas áreas da bacia do Volga. Um dos destaques é a indústria automobilística, cuja implantação inicial se verificou no final da década de 1920. Nos anos 1960, durante a etapa derradeira de ascensão da economia soviética, a italiana Fiat instalou-se na região. Nas cidades do Volga, além das empresas automobilísticas, destacam-se indústrias siderúrgicas, metalúrgicas e químicas. A expansão econômica, porém, nunca andou junto com a proteção ambiental, transformando o rio Volga em curso d'água com elevados índices de poluição. O desastre ambiental atingiu as populações ribeirinhas e afetou seriamente a pesca do esturjão, peixe de cuja ova se produz o caviar, que é encontrado no mar Cáspio, nas proximidades do delta do Volga.

O alto e o baixo vale do Volga abrigam, basicamente, populações de origem russa, mas a região do médio vale é um verdadeiro mosaico étnico. Nessa área localizam-se seis das 21 repúblicas autônomas que formam a Federação Russa. Chuvashia, Bashkortostão, El Mari, Mordóvia, Udmúrtia e Tartaristão são conhecidas, em conjunto, como repúblicas do Volga.

As repúblicas do Volga recobrem uma zona de encontro de povos fino-ugrianos (mordovinos, maris e udmurtes) e de origem turca (tártaros, bashkires e chuvashes), além de populações de origem russa. Três das repúblicas exibem maiorias absolutas ou relativas de russos étnicos: Mordóvia (61%), Udmúrtia (59%) e El Mari (47%). Nas outras três, os russos étnicos são minorias expressivas, representando mais de um quarto da população total. No conjunto, a população das seis repúblicas autônomas corresponde a cerca de um décimo da população total do país.

Os enclaves étnicos são fontes de preocupações geopolíticas de Moscou. No Tartaristão, registram-se lampejos da reivindicação secessionista de independência. No Bashkortostão, verifica-se um movimento pela obtenção de maior autonomia política. Nas demais repúblicas do Volga, o estatuto atual de autonomia não está colocado, pelo menos por hora. De qualquer forma, o governo russo não ousa pensar no pesadelo geopolítico que derivaria de movimentos secessionistas no Volga, uma região que é considerada, historicamente, o "coração de todas as Rússias".

Os Estados Unidos e o aquecimento global: mudanças de rumo?

Cientistas do Painel Intergovernamental de Mudanças Climáticas (IPCC, em inglês) reafirmaram recentemente a gravidade das ações antrópicas como fator mais importante do aquecimento global. Segundo esses especialistas, a concentração de dióxido de carbono (CO_2) – o principal dos gases que aceleram o efeito estufa – na atmosfera do planeta é a maior em 800 mil anos. O aumento dos níveis de CO_2 no ar é resultado, principalmente, da queima de combustíveis fósseis. Entre 1750 e 2011, a concentração desse gás aumentou em 40%.

Nas últimas décadas, o país que mais emitia CO_2 eram os Estados Unidos, mas foram ultrapassados recentemente pela China. Esses dois "gigantes emissores" são responsáveis por quase 40% do total mundial, e se a eles somarmos as emissões da União Europeia, Rússia, Índia, Japão, Brasil e Canadá, teremos 70% do CO_2 que é lançado na atmosfera.

Em junho de 2013, o governo norte-americano anunciou um plano para reduzir suas emissões, e entre as principais promessas feitas estão a meta de redução,

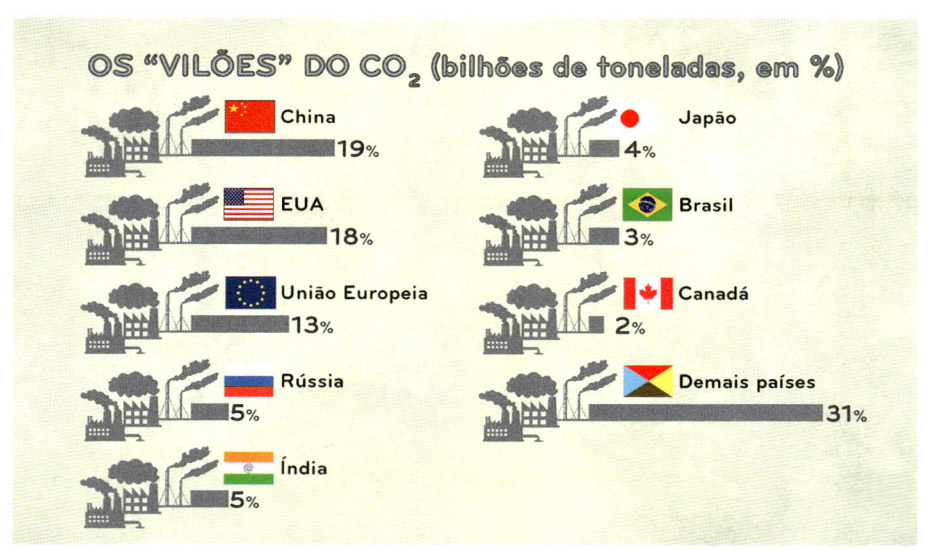

OS "VILÕES" DO CO_2 (bilhões de toneladas, em %)

China 19%
EUA 18%
União Europeia 13%
Rússia 5%
Índia 5%
Japão 4%
Brasil 3%
Canadá 2%
Demais países 31%

Fonte: *US Energy Information Administration (Folha de S.Paulo*, 26/6/2013).

que consiste em cortar 3 bilhões de toneladas da emissão acumulada prevista até 2030. Isso seria obtido através de medidas ligadas à maior eficiência energética.

Outra das promessas é a de liberar terras da União para que lá se implantem projetos ligados a fontes renováveis de energia, especialmente a eólica e a solar. A expectativa é que, no horizonte de 2020, cerca de 6 milhões de residências do país passem a ser abastecidas por essas fontes.

Na matriz energética do país, o carvão ainda possui expressiva importância, e o projeto do governo visa estabelecer um limite máximo de emissões de CO_2 por megawatt de energia, gerada em usinas termelétricas movidas por esse combustível fóssil.

A proposta também contempla a ideia de se fecharem acordos com as montadoras de veículos para fixar, até 2018, um limite máximo de emissões por milhagem, tanto para veículos grandes como para os médios.

O plano prevê também ampliar sistemas de consultas e cooperação bilaterais com alguns países emergentes que têm aumentado suas emissões, como é o caso da China, da Índia e do Brasil, visando a redução das mesmas.

Apesar de indiscutíveis avanços, especialmente se compararmos a postura do governo norte-americano durante a primeira década do século XXI (governo George W. Bush), inúmeros ambientalistas criticaram o plano por não vetar a extensão do oleoduto Keystone-XL, que ligaria

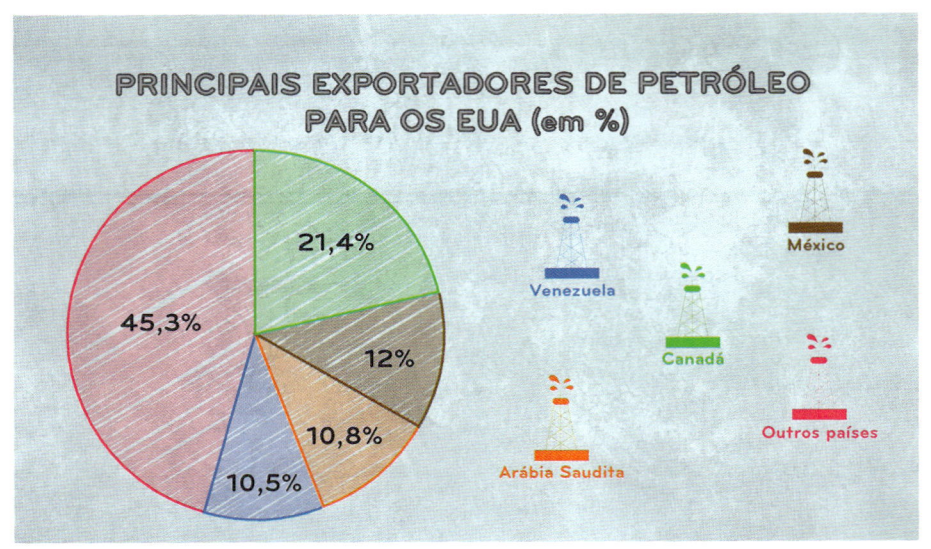

Fonte: *Ressources naturelles et peuplement.*

o Canadá ao Texas, transportando petróleo extraído das areias betuminosas canadenses. Deve-se lembrar que o Canadá se tornou, em 2009, o sexto maior produtor mundial de petróleo, e mais da metade da produção do país é originária das areias betuminosas. Segundo a Agência Internacional de Energia (AIE), a produção canadense deverá quase triplicar até 2030.

Deve-se ressaltar, ainda, que o Canadá também se transformou no maior exportador de petróleo para os Estados Unidos, representando mais de 20% do total das importações norte-americanas do "ouro negro". O volume de petróleo que o Canadá envia para os Estados Unidos é praticamente o dobro do que o segundo maior exportador, que no caso é o México.

Por fim, o plano destaca a crescente importância do gás natural, hidrocarboneto, que também é poluente, mas um pouco mais "limpo" que o petróleo, produzido a partir do xisto betuminoso, fato que vem trazendo mudanças radicais na matriz energética mundial.

Todavia, deve-se lembrar que ainda não estão claramente definidos os impactos ambientais advindos do processo de extração conhecido como *fraking*, especialmente sobre os lençóis freáticos das áreas produtoras.

A extração do gás de xisto está não só promovendo uma verdadeira revolução energética nos Estados Unidos, mas também lançando no mercado mundial um combustível abundante e barato, que ao mesmo tempo concorre com fontes energéticas renováveis, com a ressalva de que não é isento de emissões.

De vento em popa: a energia eólica avança no mundo

Em novembro de 2013, o governo brasileiro promoveu um leilão de venda de energia para 2016, e a grande estrela desse evento foram as usinas eólicas. O sucesso das eólicas levou o presidente da Empresa de Pesquisa Energética (EPE), Maurício Tolmasquim, a caracterizar 2013 como o "ano da energia eólica no Brasil". Ela é a segunda fonte de energia mais barata do país, perdendo apenas para a fonte hidrelétrica.

Tendo em vista os problemas e limitações, especialmente os de caráter ambiental, ligados à produção de eletricidade através de fontes hidráulicas, os defensores do desenvolvimento de energias renováveis têm apostado suas fichas em fontes de energia que possuam a particularidade de estarem dispersas no espaço, que permitam uma produção descentralizada e que tenham um impacto limitado no meio ambiente.

De todas as fontes alternativas, aquela que vem apresentando maior incremento na atualidade tem sido a eólica, que, em pouco mais de dez anos, praticamente quintuplicou sua potência instalada no mundo.

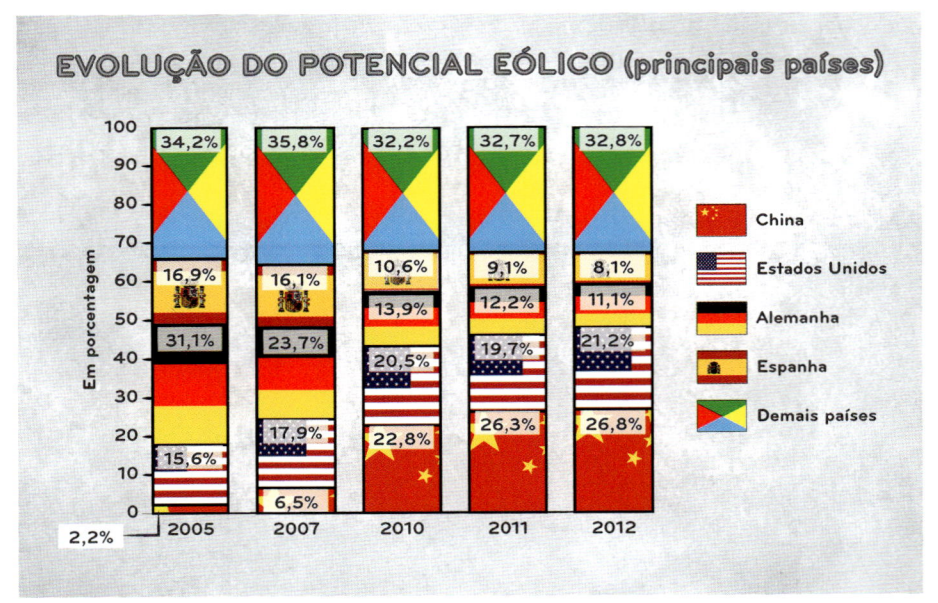

Fonte: WWE, citados em *Ressources naturelles et peuplement*, p. 182 (cálculos do autor).

Embora em número crescente, ainda não são tão numerosos os países que vêm desenvolvendo esse tipo de energia. Alguns deles, como a Alemanha e a Espanha, foram os pioneiros em criar legislações específicas para subvencionar esse tipo de energia.

Até 2007, a Alemanha esteve na liderança da produção eólica, chegando a ser responsável por 25% do total instalado no mundo. Contudo, o dinamismo do setor vem promovendo transformações muito rápidas. Em 2008, os Estados Unidos ultrapassaram a Alemanha e, dois anos após, a China superou a produção norte-americana.

Atualmente, pouco mais de 30% da produção total de energia, através da fonte eólica mundial, ainda está concentrada na Europa, mas essa condição está sendo superada pelos Estados Unidos e por países da Ásia. Em termos nacionais, os dez países com maior produção desse tipo de energia são responsáveis por cerca de 80% da potência instalada.

Todavia, apesar do rápido crescimento dessa fonte primária de energia, ela representa apenas 2% da matriz elétrica mundial, embora em alguns países europeus essa participação seja bem maior, como é o caso da Alemanha e da Espanha. No primeiro país, essa participação é pouco superior a 7%, e no segundo, ela chega a 25%. Na China e nos Estados Unidos, os dois países com maior potência instalada no mundo, a participação da fonte eólica em suas matrizes elétricas é inferior a 3%.

Parte 3

"Coisas do Brasil"

Representação sem rigor cartográfico.

O Brasil ultrapassa os 200 milhões

O IBGE (Instituto Brasileiro de Geografia e Estatística), em 1º de julho de 2013, anunciou que a população brasileira atingiu a marca de 201.032.174 milhões de habitantes. A barreira simbólica de 200 milhões teria sido superada no dia 2 dezembro de 2012. O órgão também divulgou dados e projeções demográficas até 2060, uma informação de suma importância, tanto para planejadores do governo quanto para investidores da iniciativa privada.

O primeiro recenseamento realizado no Brasil data de 1872. Ele indicava que o contingente demográfico do país era de quase 10 milhões de habitantes. Cerca de um século depois, a população atingiu a marca de 100 milhões, número que dobrou nos últimos 40 anos. Isso significa que a população brasileira cresceu um pouco mais de duas Argentinas nas últimas quatro décadas. Segundo o IBGE, a população brasileira continuará a crescer até 2042, quando atingirá o teto máximo de 228 milhões, começando a diminuir a partir daí. As projeções indicam, para 2060, uma população de 218,3 milhões, patamar demográfico praticamente idêntico ao de 2025.

Nas duas últimas décadas, o Brasil permaneceu na condição de quinto país mais populoso do mundo, atrás da China, da Índia, dos Estados Unidos e da Indonésia. Estima-se que, no horizonte de 2020, o Brasil perderá posi-

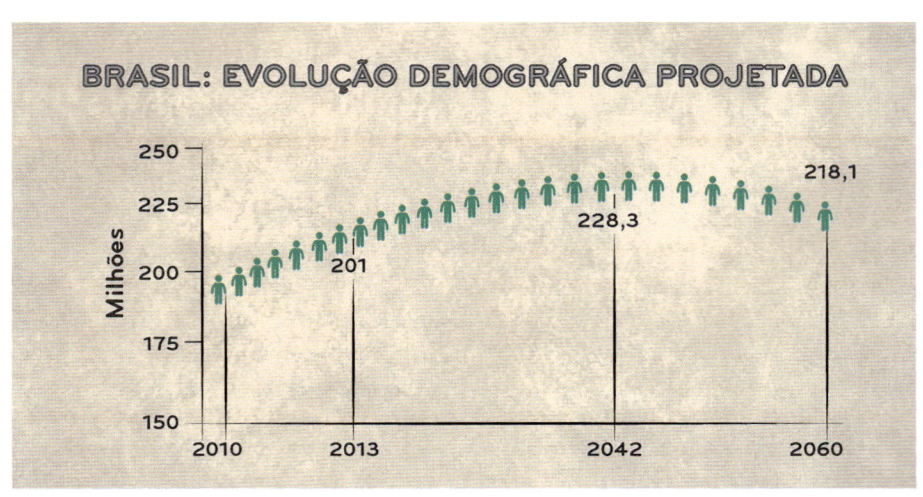

Fonte: IBGE.

ções nesse ranking populacional, pois deverá ser ultrapassado pelo Paquistão, pela Nigéria e, talvez, também por Bangladesh. A responsabilidade por isso encontra-se no recuo das taxas de crescimento vegetativo.

Os recenseamentos nacionais são feitos a cada dez anos, e o próximo só será realizado em 2020. Nos períodos intercensitários, especialistas em demografia fazem previsões baseadas em tendências estatísticas e pesquisas por amostragem. Como todas as previsões, elas podem se confirmar ou não – e, daí, a necessidade de serem revisadas periodicamente. Projeções feitas nos anos 1970 indicavam que o Brasil atingiria a marca 200 milhões de habitantes já no ano 2000, mas a marcha de redução das taxas de crescimento

vegetativo foi mais veloz do que previam, à época, os analistas.

As grandes transformações demográficas experimentadas pelo Brasil, nas últimas décadas, resultam da combinação de um conjunto de mudanças nas condições de vida e nos hábitos da população. O aumento da proporção de idosos reflete um envelhecimento demográfico que está entre os mais velozes do mundo. A forte redução da taxa de mortalidade infantil evidencia melhorias médico-sanitárias generalizadas. Historicamente, a população brasileira passou a viver mais e melhor.

A abertura do mercado de trabalho para as mulheres, o aumento da escolaridade, sobretudo da população feminina, o uso de métodos anticonceptivos e a melhoria das condições de sanea-

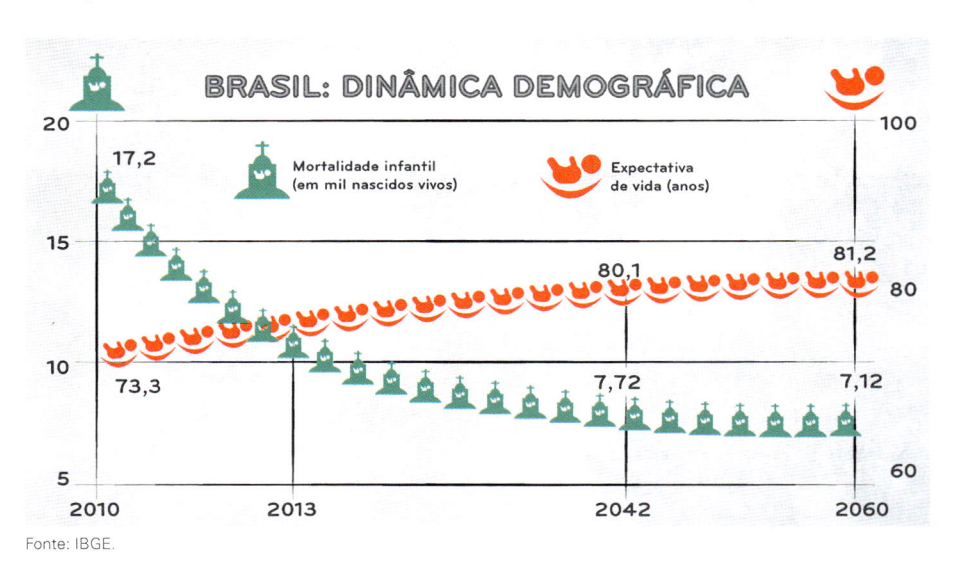

Fonte: IBGE.

mento básico são fatores que, em conjunto, reduziram de maneira expressiva tanto a mortalidade infantil quanto a fecundidade. A redução da taxa de fecundidade, observada desde meados da década de 1960, acentuou-se nos últimos anos e vem reduzindo o ritmo de crescimento populacional. Em 2007, essa taxa chegou a 2,1 filhos por mulher, o nível mínimo de reposição da população, e deverá se reduzir ainda mais.

Num sentido oposto, o IBGE identificou como fator relevante da dinâmica demográfica as mortes prematuras de jovens, em decorrência de causas como acidentes de qualquer natureza e violência. Sem o incremento desse fator, a esperança de vida da população seria, hoje, dois ou três anos maior que a verificada. Mesmo assim, a expectativa de vida vem crescendo rapidamente. Em 1940, ela era de 45,5 anos; saltou para quase 73 em 2008, e deverá alcançar pouco mais de 81 anos em 2050.

O Brasil beneficia-se, ainda, de uma condição demográfica especial para o crescimento – o chamado "bônus demográfico". Essa condição resulta da diferença muito positiva entre o contingente de população ativa e o contingente de população definida como dependente (a soma de jovens que não atingiram a idade de trabalho e idosos aposentados). Em 2000, para cada indivíduo

com mais de 65 anos, existiam 12 pessoas em idade ativa. Mas essa "janela de oportunidades" deverá se fechar em 2023. Em 2050, para cada idoso haverá apenas três pessoas em idade ativa. O fenômeno demográfico causará impacto enorme nas contas da Previdência Social, caso não sejam feitas profundas reformas no sistema de aposentadorias.

Em termos regionais, como já vinha ocorrendo nas últimas décadas, todas as cinco macrorregiões do país experimentarão aumento em suas populações absolutas. Não se esperam mudanças relevantes na distribuição da população pelo território nacional, pois o crescimento vegetativo é relativamente baixo em todas as regiões, e não existem indícios de fluxos migratórios expressivos.

As migrações inter-regionais perderam a força e, hoje, não são nem uma sombra do que foram nas décadas de 1960, 1970 e 1980. As regiões Norte e Centro-Oeste, justamente as menos populosas, continuarão a desempenhar o papel de frentes de expansão econômica e demográfica, mas atrairão contingentes migratórios relativamente pouco numerosos. O Sudeste continuará a ser a região mais populosa, embora registre tendência a apresentar queda discreta em sua participação no total nacional. O Nordeste manterá sua posição de segunda região mais

A população das unidades federativas do Brasil (2013-2030)*.

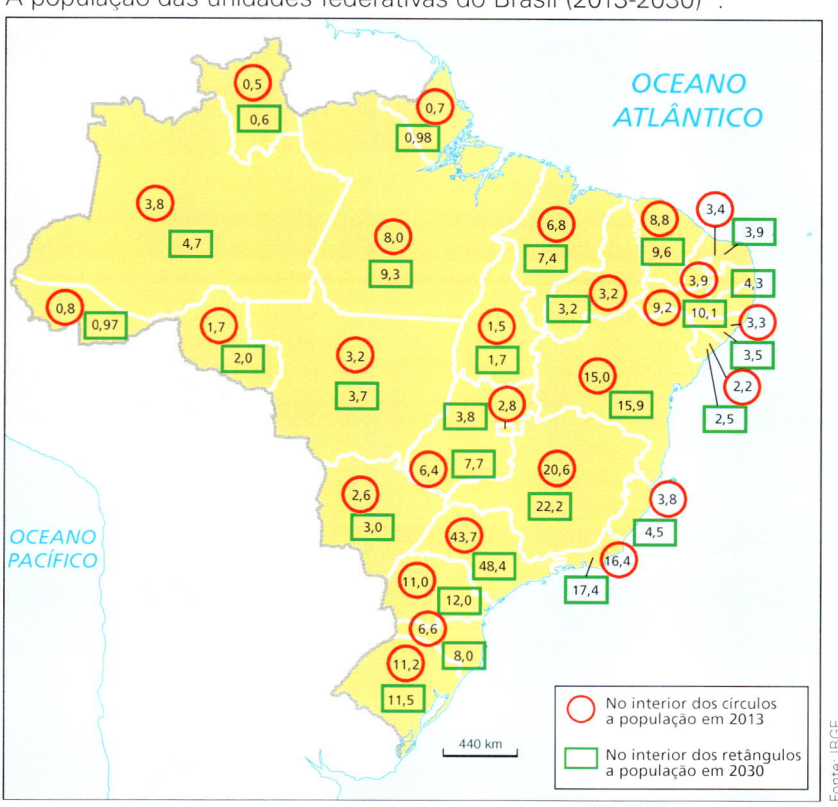

*Em milhões de habitantes e números arredondados.

populosa do país, com pouco menos de 28% do total. Descrevendo trajetória similar à do Sudeste, o Sul apresentará pequena diminuição relativa da população, ficando em torno de 14% do total. Juntas, em 2030, as regiões Norte e Centro-Oeste abrigarão pouco mais de 15% dos brasileiros.

O quadro de estabilidade repete-se na escala de análise das unidades federativas. No horizonte de 2030, os estados de São Paulo, Minas Gerais, Rio de Janeiro e Bahia continuarão sendo os mais populosos e, em conjunto, abrigarão cerca de 45% do total de brasileiros. As unidades federativas que galgarão mais posições no ranking populacional serão o Distrito Federal, que saltará da 20ª para a 17ª posição, e o Amazonas, que passará da 15ª para a 13ª posição. Os cinco estados menos populosos em 2010 – Rondônia, Tocantins, Amapá, Acre e Roraima – continuarão a ocupar o fim da lista em 2030.

A bacia Platina, o Brasil e a Argentina

A bacia do Prata ou Platina, área drenada pelos rios Paraná, Paraguai e Uruguai, é um dos principais conjuntos fluviais do mundo e o segundo maior da América do Sul, superado apenas pela bacia Amazônica. Com mais de 2,5 milhões de km², ocupa cerca de 20% do território sul-americano e abrange, além do Brasil, áreas de outros quatros países da América do Sul: Argentina, Paraguai, Uruguai e Bolívia.

Os três principais cursos fluviais formadores da bacia nascem em território brasileiro. O eixo principal da bacia tem, grosseiramente, sentido norte-sul, e as águas de todo o conjunto convergem para o Atlântico, desaguando no estuário do Prata, junto a Buenos Aires e Montevidéu. Os territórios do Brasil e da Argentina, os dois mais extensos países do conjunto, abrigam cerca de 70% da superfície total da bacia.

Os espaços mais densamente povoados dos países platinos situam-se em áreas que fazem parte da bacia, ou, então, em suas proximidades. É o caso das capitais políticas e das maiores cidades da Argentina (Buenos Aires, Rosário e Córdoba), do Uruguai (Montevidéu), do Paraguai (Assunção) e do Brasil (São Paulo,

Fonte: MAGNOLI, Demétrio e ARAÚJO, Regina. *Geografia – paisagem e território.* São Paulo: Moderna, 1993.

Núcleo geoeconômico do Mercosul.

Brasília, Rio de Janeiro e Belo Horizonte).

Do ponto de vista econômico, as regiões mais dinâmicas desses quatro países também se localizam em áreas da bacia, como é o caso do Pampa argentino (onde se situa Buenos Aires), que concentra cerca de 75% de toda a atividade econômica do país. No Brasil, as regiões platinas correspondem a parcelas consideráveis do centro-sul do país, onde são gerados, aproximadamente, dois terços da riqueza nacional.

Durante muito tempo, as áreas da bacia Platina foram focos de tensão geopolítica. No período colonial, ela foi palco dos interesses geopolíticos antagônicos de portugueses e espanhóis. A partir do século XIX, as tensões passaram a ocorrer entre os novos Estados independentes, cujas fronteiras políticas não se encontravam totalmente reconhecidas.

O Brasil e a Argentina, em particular, viveram fases de conturbado relacionamento político e diplomático, em função dos mitos de hegemonia regional que ambos desenvolveram. Os mitos argentinos estavam baseados em ideologias de caráter racial. O país não recebeu escravos vindos da África, e a grande onda migratória da segunda metade do século XIX fez, efetivamente, desaparecer a base mestiça (e ameríndia) da população do Pampa argentino.

Valorizando e alardeando a condição de país eminentemente formado por populações brancas, setores significativos da elite argentina desenvolveram ideias de superioridade civilizacional diante de seus vizinhos sul-americanos. Julgavam os líderes argentinos que apenas um país com essas características étnicas poderia dialogar de igual para igual com as potências "brancas" da Europa e com os Estados Unidos.

Já os mitos brasileiros, por sua vez, tinham como referência a grandeza, a riqueza e a potencialidade do território. Um país de rios imensos, florestas grandiosas e tamanho colossal só poderia ter um destino semelhante aos seus atributos físicos.

Em décadas recentes, as bases do relacionamento entre Brasil e Argentina foram reconstruídas com ênfase na cooperação. A crise econômica dos anos 1980 – a chamada "década perdida" da América Latina – e a globalização da economia mundial condicionaram mudanças nas posturas diplomáticas dos dois países.

Não há dúvida também que a redemocratização dos dois países, expressas nas eleições presidenciais de 1983 na Argentina e pela volta dos civis ao poder no Brasil, em 1984, foi mais um fator a impulsionar esse processo. Começaram aí a ser lançadas as sementes que germinariam alguns anos depois, em 1991, quando, pelo Tratado de Assunção, foi criado o Mercosul.

Mercosul, caminhos tortuosos

A prioridade da Política de Comércio Internacional do Brasil tem sido a integração regional, que vem obtendo alguns avanços. O principal projeto de integração comercial brasileira, nas últimas décadas, foi a criação e consolidação do Mercosul. O bloco pretendia ser um projeto ambicioso de estabelecimento de um mercado comum. Em seus primeiros anos, o Mercosul obteve relevante sucesso: as exportações intrabloco aumentaram substancialmente. Bolívia, Chile e Venezuela tornaram-se membros associados, que no futuro poderiam vir a integrar o bloco como membros plenos. Em 1995, mesmo que ainda fosse uma zona de livre comércio incompleta, o Mercosul deu um passo para o aprofundamento das relações entre os países membros, instituindo uma tarifa externa comum (TEC) e transformando o bloco numa união aduaneira.

Todavia, pouco antes de completar sua primeira década de existência, o Mercosul passou a enfrentar uma série de crises: a desvalorização da moeda brasileira, em conjunto com a crise argentina de 2001, resultou em um ambiente pouco propício a negociações e concessões, dificultando o desenvolvimento do processo de integração. Uma série de atrasos no cronograma de liberalização do comércio entre os países do bloco, a manutenção de uma série de exceções à TEC, a imposição de barreiras ao comércio intrabloco, entre outros fatores, contribuíram para a crise.

Nesse contexto, e levando em conta a ascensão da China, a participação das exportações intrabloco perdeu importância relativa. No caso brasileiro, por exemplo, as vendas para os outros componentes do bloco passaram de 17% do total de exportações brasileiras, obtidos em 1997 e 1998, para apenas 9,4% em 2012.

Atualmente, mesmo o projeto ambicioso de um mercado comum está longe de ser alcançado. O livre comércio intrabloco tem apresentado obstáculos de forma crescente em razão de barreiras mantidas pelos países-membros. Como exemplo, tem-se a recente disputa entre Brasil e Argentina, na qual o país vizinho impôs barreiras à importação de têxteis, calçados, máquinas e alimentos brasileiros, e o Brasil, em retaliação, retardou a emissão de licenças de importação para automóveis argentinos.

A entrada da Venezuela no bloco, em 2012, poderia trazer algum avanço ao volume dos fluxos de comércio do bloco. Todavia, as condições que antecederam a entrada do país no Mercosul – após a suspensão do Paraguai – e a grave crise econômica pela qual vem passando o novo integrante parecem trazer muitas dúvidas quanto ao processo de maior integração do bloco.

Apesar das dificuldades enfrentadas, o bloco ainda tem relevância para as exportações brasileiras, lembrando que a Argentina figura como um dos principais parceiros comerciais do Brasil, tanto nas importações quanto nas exportações.

FLUXO DE COMÉRCIO ENTRE O BRASIL E O MERCOSUL

Ano	Exportações (%)	Importações (%)
1990	4,20	11,19
1992	11,45	10,84
1994	13,60	13,86
1996	15,30	15,56
1998	17,36	16,30
2000	14,04	13,96
2002	5,49	11,88
2004	9,24	10,17
2006	10,15	9,82
2008	10,98	8,83
2010	11,19	9,14
2012	9,40	8,83

Fonte: *Secex.*

Centro-Oeste do Brasil: velhos caminhos, novos rumos

Há pouco mais de dez anos, uma questão formulada em um dos vestibulares mais con-corridos do país propunha que se analisassem aspectos da evolução geoeconômica e administrativos da região Centro-Oeste do Brasil, em dois momentos históricos: a década de 1950 e a de 1990. Como subsídios aos vestibulandos eram fornecidos dois mapas que retratavam esses dois períodos, como podem ser constatados na figura a seguir.

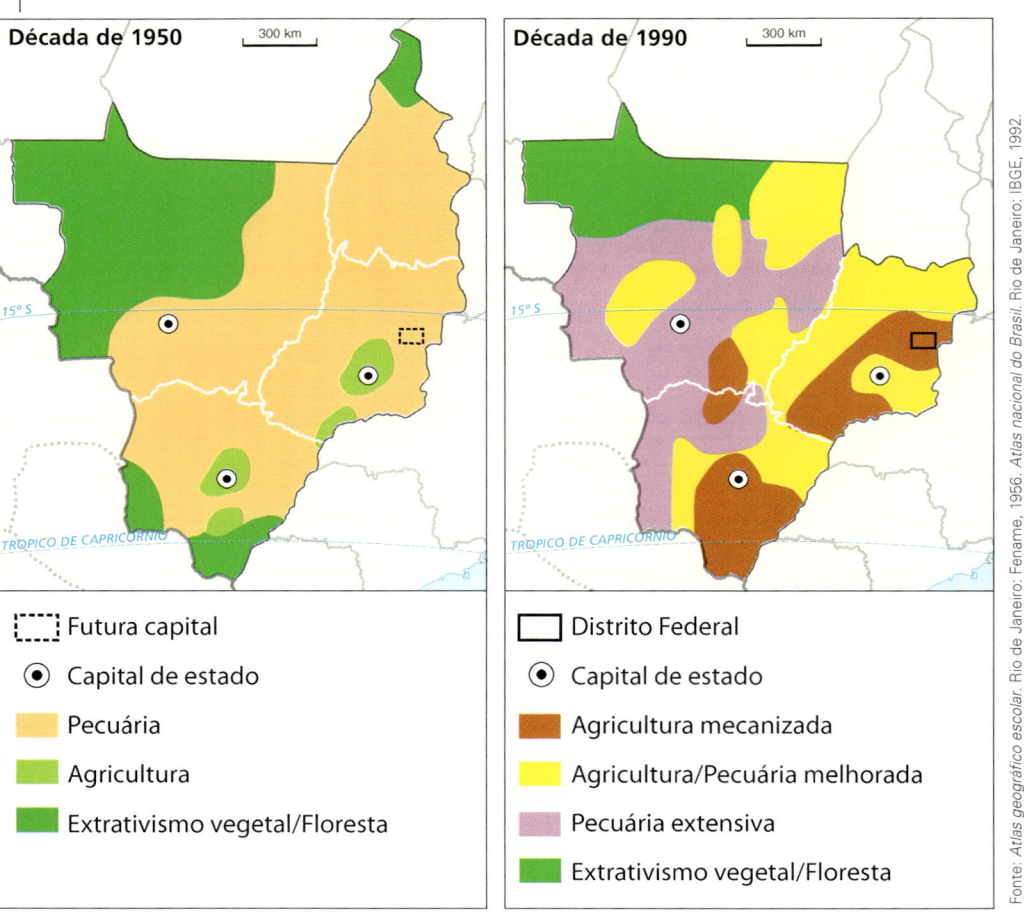

Centro Oeste: evolução geoeconômica e político-administrativa.

Do ponto de vista político-administrativo, na década de 1950, só dois estados, Mato Grosso e Goiás, formavam a região Centro-Oeste. Quatro décadas depois, a região contava com quatro unidades federativas. Primeiro foi a criação do Distrito Federal, em 1960, quando houve a transferência da capital do país do Rio de Janeiro para Brasília. Em 1969, Mato Grosso perdeu sua porção meridional, quando foi criado o estado de Mato Grosso do Sul. Por fim, cerca de uma década mais tarde, o estado de Goiás foi desmembrado de sua parte norte, dando origem ao estado de Tocantins, que foi integrado à região Norte.

Quanto à evolução geoeconômica, a comparação dos dois mapas mostrava a expressiva valorização econômica dessa região do Brasil, cuja comprovação é dada pela expansão da agricultura e da pecuária em moldes mais modernos.

No contexto de mudanças entre as duas datas mostradas nos mapas, o Centro-Oeste foi se consolidando como área produtora de produtos primários para o abastecimento interno e para a exportação, tornando-se uma espécie de grande "celeiro" e um dos núcleos principais do agronegócio no país.

Acompanhando essa evolução, a indústria prosperou, se diversificou e a população se urbanizou. Apesar de ser uma região marcada por atividades ligadas ao setor agropecuário, o Centro-Oeste apresenta cerca de 90% de sua população vivendo em centros urbanos.

Peculiaridades geográficas e históricas

O Centro-Oeste é a segunda maior região brasileira, com uma extensão de 1.604.852 km², ocupando quase 19% do território nacional. Sua localização geográfica confere-lhe certas particularidades, visto ser ela a única das regiões brasileiras a fazer limites com as demais – Norte, Nordeste, Sudeste e Sul –, além de possuir fronteiras internacionais com a Bolívia e o Paraguai. Área mais tipicamente tropical do país, apresenta como paisagem característica as chapadas, recobertas pela vegetação do cerrado.

A população da região sempre cresceu em números absolutos, mas seu ritmo acelerou após 1950. Naquela data, o Centro-Oeste abrigava pouco mais de 1,7 milhão de pessoas. Atualmente seu efetivo demográfico é de aproximadamente 15 milhões de habitantes, sendo, no entanto, a menos populosa do país. Com pouco mais de 6 milhões de habitantes, aproximadamente 42% da contingente regional, Goiás é o estado mais populoso da região, abrigando o dobro da população

141

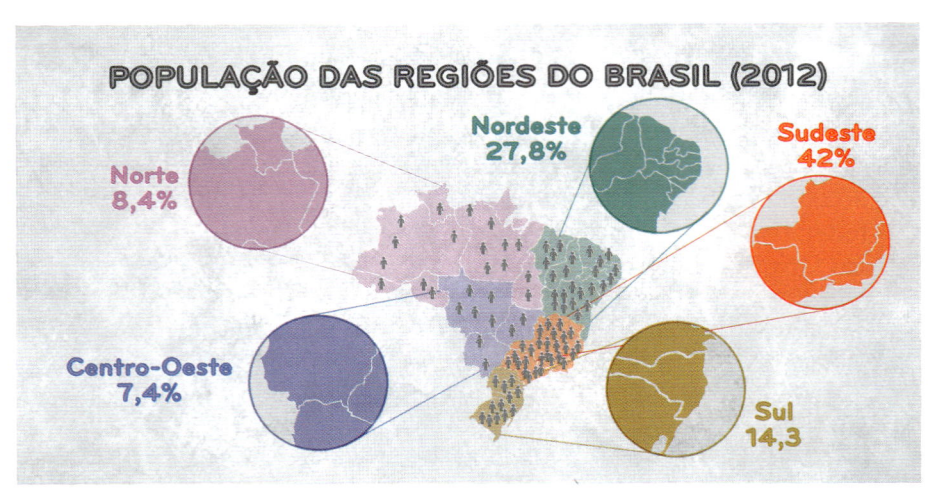

POPULAÇÃO DAS REGIÕES DO BRASIL (2012)

Norte
8,4%

Nordeste
27,8%

Sudeste
42%

Centro-Oeste
7,4%

Sul
14,3

Fonte: IBGE.

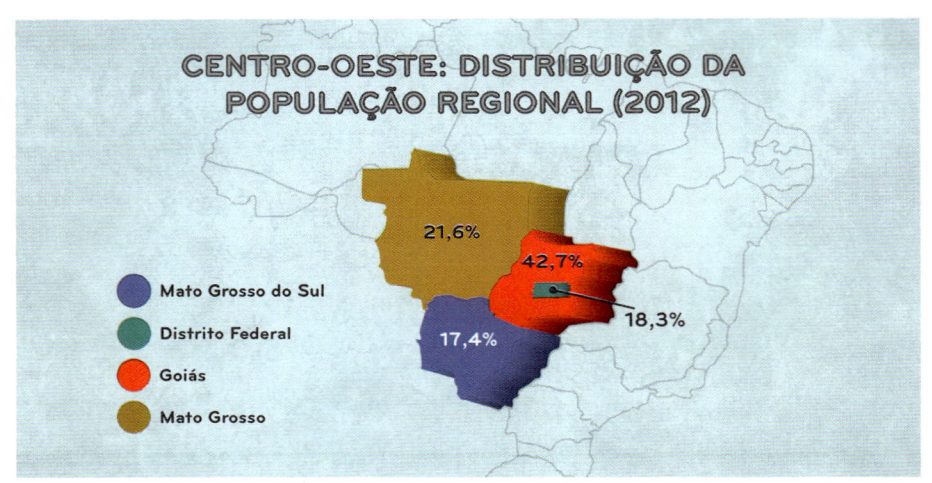

CENTRO-OESTE: DISTRIBUIÇÃO DA POPULAÇÃO REGIONAL (2012)

21,6%

42,7%

18,3%

17,4%

- Mato Grosso do Sul
- Distrito Federal
- Goiás
- Mato Grosso

Fonte: IBGE.

de Mato Grosso, que vem em segundo lugar.

No que se refere à geração de riquezas, em 2010, a região contribuía com pouco mais de 9,0% do PIB nacional. Nas últimas duas décadas, o ritmo de crescimento do PIB da região tem sido superior ao da média do país. O Distrito Federal, cuja maior importância reside no setor de serviços ligado ao governo federal, era responsável pela geração de quase 45% do total regional.

Numa rápida retrospectiva histórica, a ocupação inicial do

atual território do Centro-Oeste remonta ao século XVII, nos primórdios da colonização portuguesa, quando a descoberta de ouro e pedras preciosas atraiu expressivos contingentes de luso-brasileiros que buscavam essas riquezas.

Com a decadência da exploração aurífera, a região viveu um longo período de estagnação econômica e demográfica.

A partir da década de 1940 e na seguinte, o Centro-Oeste passou a sofrer com maior intensidade os

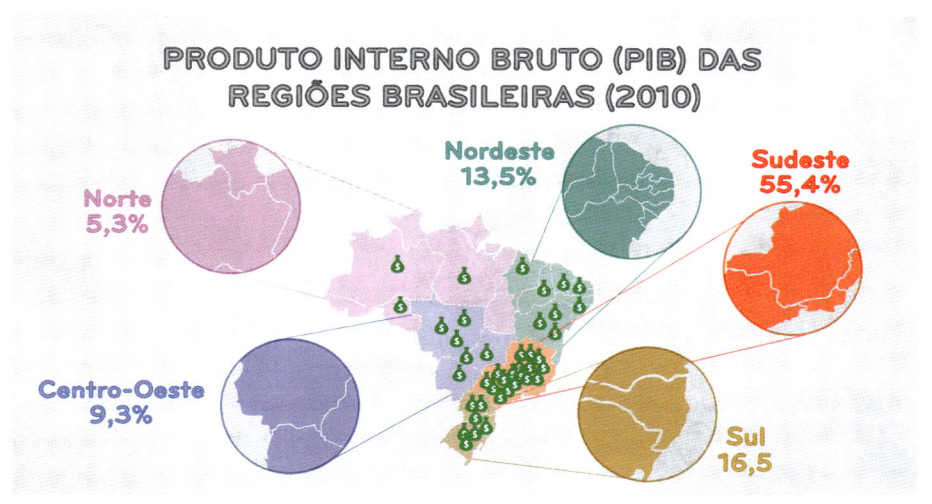

Fonte: IBGE.

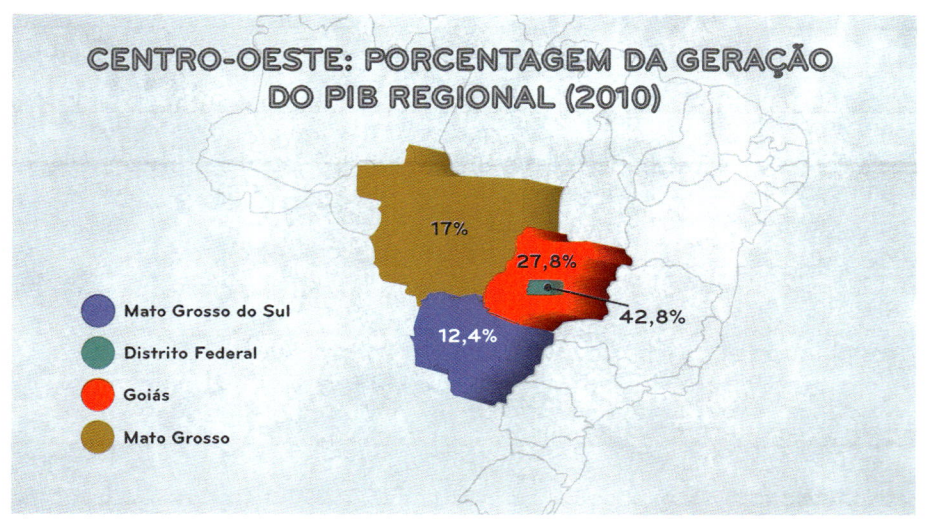

Fonte: IBGE.

efeitos da expansão da atividade agropecuária paulista, que, extravasando os limites do estado, trouxe expressivas mudanças nas relações econômicas da parte meridional da região. As décadas de 1950 e 1960 foram marcadas, primeiramente, pelo processo de construção da capital do país e, depois, pelas consequências espaciais da implantação e do desenvolvimento de Brasília, e da instalação da infraestrutura viária criada para colocá-la em contato com os demais espaços regionais do país.

No final da década de 1960, a região já apresentava sinais evidentes de crescimento demográfico e econômico, inclusive com a incorporação de novos espaços à produção. Apesar disso, a situação do Centro-Oeste não estava consolidada. A região era ainda vista como um espaço de transição entre o coração econômico do país e a emergente fronteira de recursos representada pela Amazônia.

Em seguida, os maiores impactos sobre as estruturas territoriais e socioeconômicas foram causados pelas ações do governo federal, que, por meio de planos e projetos de desenvolvimentos regionais e setoriais, possibilitaram a ampliação ainda maior da infraestrutura existente, estimularam a migração de forma direta e indireta, criaram condições excepcionais para compra de grandes glebas de terra, incentivaram e financiaram pesquisas de novas técnicas de plantio e uso do solo etc.

A partir da década de 1970, o governo federal passou a atuar mais fortemente sobre a região, consolidando iniciativas que já vinham sendo esboçadas na década anterior. Foram implementados programas e planos especiais pela Superintendência de Desenvolvimento do Centro-Oeste (Sudeco), que se combinaram com planos de abrangência nacional.

Esse conjunto de ações veio acompanhado da ampliação da malha rodoviária, de uma política de financiamento de grandes projetos agropecuários, de incentivos fiscais e outras facilidades para compra de grandes glebas de terras devolutas por parte de empresários e especuladores do Sul, do Sudeste e até do exterior.

A aplicação desse enorme leque de programas implicou o aumento da produção e da produtividade, não só das atividades tradicionais (arroz e pecuária), bem como de novos produtos, especialmente a soja. É de suma importância ressaltar as conquistas técnicas implementadas por centros de pesquisas, especialmente aquelas realizadas pela Empresa Brasileira de Pesquisas Agropecuárias (Embrapa), que ampliaram, sobremaneira, os horizontes da produção e da produtividade.

A partir dos anos 1980 e nas décadas seguintes, o Centro-Oeste foi gradativamente se consolidando como área produtora de produtos primários para o abastecimento interno e para a exportação. Atualmente, a região é a maior produtora de grãos e possui o maior rebanho bovino do país.

Apesar dos resultados econômicos auspiciosos, ocorreram desdobramentos francamente negativos, como as questões envolvendo o cumprimento das leis de demarcação de terras indígenas, além do acirramento dos conflitos pela posse de terras entre proprietários, grileiros e posseiros. Outro aspecto negativo de grande importância esteve ligado ao fato de que o intenso e rápido dinamismo da ocupação e valorização econômica do espaço regional causou grandes danos ao meio ambiente.

Meio ambiente versus agronegócio: um falso dilema?

Genericamente, pode-se dividir a vegetação original encontrada no Centro-Oeste em dois grandes tipos: as formações campestres, em que se destaca o cerrado, que domina vastas áreas da região, e as formações florestais, com destaque para as florestas úmidas, encontradas, principalmente, na porção norte de Mato Grosso. Essas duas formações vegetais mais o Pantanal recobrem mais de 90% do território regional.

A princípio, a ocorrência de formações florestais ou campestres é explicada pela maior ou menor umidade. No norte de Mato Grosso, onde o período seco é curto, a vegetação é florestal, e nas áreas onde a estiagem é mais prolongada predomina o cerrado.

Há ainda as "áreas de tensão ecológica", nas quais outros elementos da natureza, tais como a formação geológica das rochas, a maior ou menor planura, a disposição do relevo e os tipos de solo têm importante papel para explicar a diversidade vegetal. De forma geral, essas áreas constituem zonas de transição entre duas ou mais formações vegetais.

Como a vegetação original foi alterada e reduzida drasticamente por força da ação do homem, o que encontramos nos dias atuais são sistemas ambientais naturais onde a ação antrópica não ocorreu ou então aconteceu em pequena escala, e aqueles nos quais o meio ambiente foi profundamente modificado.

A ação antrópica afetou sobremaneira as áreas recobertas por cerrados, formação vegetal mais extensa e característica do Centro-Oeste, mas que não é exclusiva dessa região. Esse ecossistema se estende por 22% do território brasileiro, abrangendo áreas de 11 estados, onde vivem cerca de 25 milhões de pessoas.

"Coisas do Brasil"

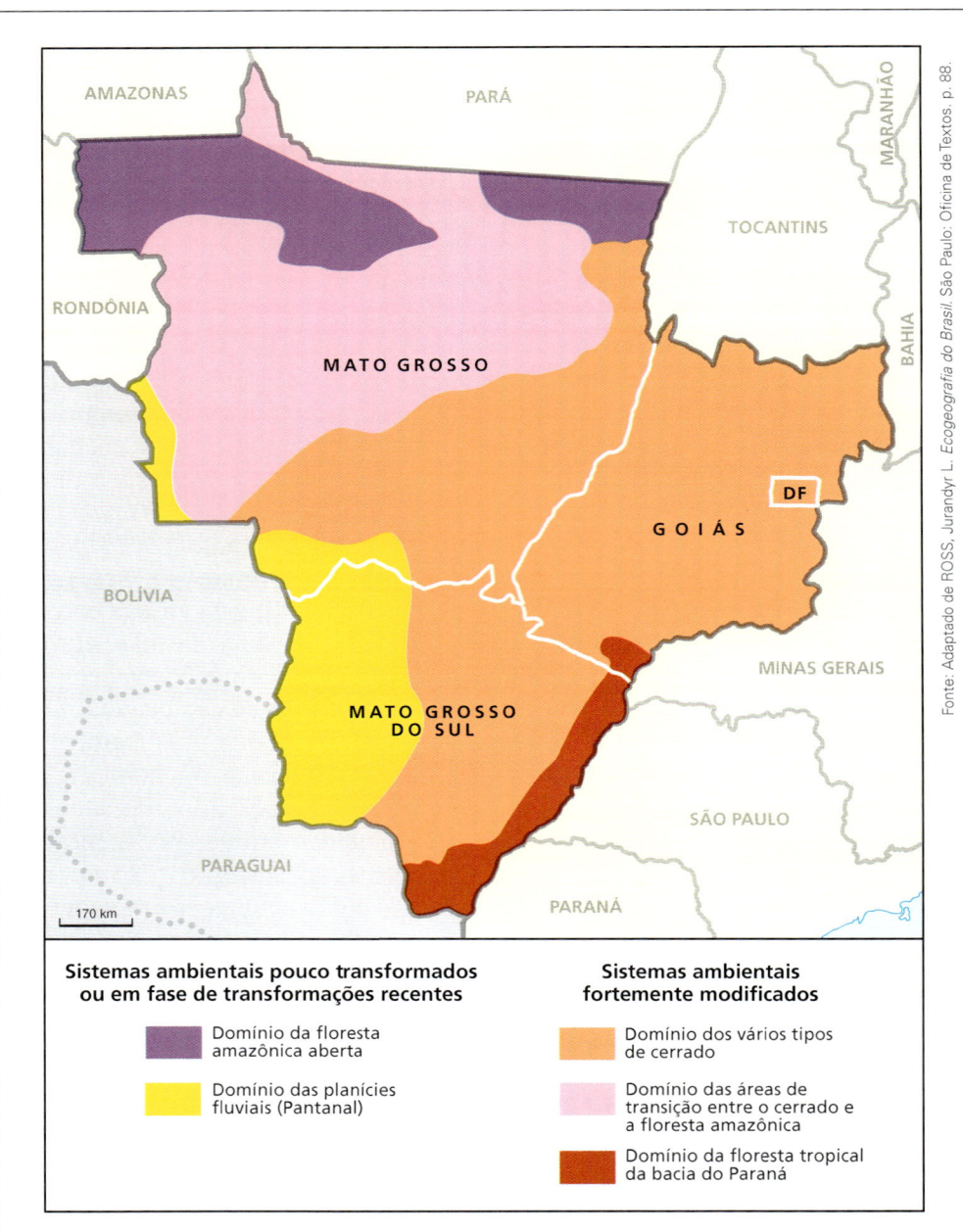

Sistemas ambientais pouco transformados ou em fase de transformações recentes

- Domínio da floresta amazônica aberta
- Domínio das planícies fluviais (Pantanal)

Sistemas ambientais fortemente modificados

- Domínio dos vários tipos de cerrado
- Domínio das áreas de transição entre o cerrado e a floresta amazônica
- Domínio da floresta tropical da bacia do Paraná

Fonte: Adaptado de ROSS, Jurandyr L. *Ecogeografia do Brasil*. São Paulo: Oficina de Textos. p. 88.

Sistemas ambientais naturais e a ação antrópica.

O aspecto até certo ponto pobre e triste do cerrado é explicado parcialmente pelo período seco relativamente longo, mas o fator fundamental é a falta de fertilidade natural dos solos, que pode ser agravada pela ação do fogo, dos cupins e da lixiviação, como é denominada a lavagem da camada superficial do solo pelas chuvas tropicais.

O fogo, durante a estação seca, pode se propagar por combustão espontânea ou pela ação do homem, resultando na queima das raízes das espécies vegetais e contribuindo para degradá-las. Os cupins destroem frutos, sementes e raízes, e a lixiviação empobrece ainda mais o solo, tornando-o ácido.

Durante muito tempo, acreditou-se que as terras do cerrado eram impróprias para o uso agrícola, pelo fato de o seu solo ser muito ácido e pobre em nutrientes, o que dificultava o desenvolvimento das plantas. Com a descoberta e a aplicação da técnica de calagem, que consiste em adicionar calcário para reduzir sua acidez, os solos do cerrado passaram a ser utilizados intensivamente para a produção de grãos, especialmente soja, arroz e milho. Por isso, atualmente, as tradicionais fazendas de criação de gado convivem em áreas do cerrado com modernas empresas rurais dedicadas à agricultura.

Contudo, o processo de modernização do cerrado trouxe custos negativos para o meio ambiente. Como em muitas áreas a vegetação original é eliminada, o solo fica desprotegido durante a época das intensas chuvas, que arrastam imensas quantidades da camada superficial do solo para dentro dos rios, causando o assoreamento deles e provocando inundações por vezes catastróficas.

De maneira geral, as terras recobertas pelo cerrado tiveram uma valorização econômica bem peculiar, pois foram ocupadas por pecuaristas e agricultores oriundos do sul do Brasil, mais acostumados com a agricultura mecanizada e com o uso de insumos agrícolas, como herbicidas, pesticidas e adubos.

Atualmente, mais de três quartos das áreas de cerrados do Centro-Oeste já funcionam como pastagens plantadas ou são dedicados à agricultura altamente mecanizada. As antigas áreas de pecuária extensiva e de pequena agricultura comercial e de subsistência foram substituídas pela moderna pecuária e por extensas áreas de monoculturas, que fazem uso de avançadas técnicas agrícolas, colocando o Brasil entre os maiores produtores mundiais desses produtos, especialmente a soja, o principal produto cultivado no país. O Centro-Oeste é o responsável por mais de 60% da produção nacional.

A liderança brasileira está sendo alcançada principalmente pela combinação entre condições naturais (clima, água, relevo e solos) favoráveis, uso intensivo de modernas tecnologias, terras disponíveis para cultivo, inclusive as resultantes de recuperação de áreas de pastagem degradadas. Recentemente, a derrubada da floresta deixou de ser o vetor da expansão das plantações de soja. Planta-se mais, desmata-se menos. Estima-se que o Brasil ainda disponha de 60 milhões de hectares de terras degradadas que poderiam ser usadas na agricultura, e nenhum dos outros grandes produtores mundiais tem o mesmo potencial em extensão de terras para uso agrícola.

Contudo, nem tudo são flores. Dentre os inúmeros problemas está o uso intensivo de agrotóxicos – o Brasil é um dos líderes mundiais no consumo desses produtos –, assim como a utilização de sementes geneticamente modificadas. Liberada no Brasil, a soja transgênica representa mais ou menos 75% da produção nacional. Todavia, pesquisas ainda não comprovaram a segurança no uso desse tipo de semente.

A década de ouro do comércio exterior

Ao longo da primeira década do século XXI, o comércio exterior brasileiro atingiu um novo patamar. Nesse período, o país tornou-se um dos principais participantes em diversos segmentos (soja, minério de ferro, açúcar, café e carnes), ampliou o leque de produtos exportados e diversificou seus parceiros comerciais. Os valores das exportações mais que triplicaram. O Brasil também se tornou uma voz importante nas negociações realizadas no âmbito da Organização Mundial do Comércio (OMC).

Tais resultados foram consequência de uma combinação de fatores, com destaque para o crescimento extraordinário do consumo mundial, puxado pelos países emergentes, especialmente a China, que ampliou a participação das matérias-primas agrícolas e minerais (*commodities*) na pauta global de exportações. Assim, o comércio exterior ganhou maior importância na economia brasileira, passando a ser uma fonte crucial de divisas para o país. Se, na década de 1990, a participação das exportações no conjunto do PIB variava entre 6% e 9%, na primeira década do novo século essa participação ficou entre 10% e 15%. Mesmo assim, a importância do Brasil no total do comércio mundial continua pequena – cerca de 1,5%.

Para melhorar seu desempenho internacional, o Brasil precisa superar grandes desafios, especialmente no que tange aos investimentos na infraestrutura viária e energética, além de modificar seu arcaico sistema tributário. Além disso, persistem as barreiras comerciais e os subsídios domésticos, especialmente nos mercados desenvolvidos, que continuam criando obstáculos à expansão das vendas e conquista de novos mercados. A crise econômica tem acirrado ainda mais as práticas protecionistas.

O Brasil não tem todo o tempo do mundo para solucionar seus gargalos internos, antes que eles ponham em risco a continuidade desse processo de crescimento. A primeira década do século foi um período de ouro do comércio exterior, mas as suas oportunidades exepcionais não perdurarão indefinidamente.

Uma transição acompanhou a virada de século. Depois de passar praticamente toda a década de 1990 experimentando saldos negativos em sua balança comercial, a partir de 2001 o Brasil passou a realizar sucessivos superávits. De

2001 a 2006, o crescimento dos superávits foi constante. Todavia, o ritmo começou a arrefecer a partir de 2007, recuperando-se um pouco em 2009 e voltando a cair em 2010. Neste último ano, o saldo da balança comercial foi o menor desde 2003 – e menos da metade do registrado em 2006. Um fato desalentador é que os saldos da balança comercial continuaram a diminuir nos três primeiros anos da segunda década deste século.

Nosso comércio exterior é muito sensível às variações cambiais. Até 2006, as vendas para o exterior tiveram um incremento bem mais rápido que as importações, situação que se inverteu a partir de 2007, com a valorização do real. Em 2010, o valor absoluto das importações (US$ 181,6 bilhões) foi dos mais elevados da história, mas o mesmo ocorreu com as exportações (US$ 201,9 bilhões), cifra que superou o recorde obtido em 2008 (US$ 198 bilhões).

Durante os dez primeiros anos do século XXI, o Brasil também diversificou seus parceiros comerciais, principalmente junto ao mundo em desenvolvimento, com destaque para a Ásia, o Oriente Médio e a África, e reduziu sua dependência dos Estados Unidos e da Europa. Em 2001, os Estados Unidos eram os maiores compradores dos produtos brasileiros (22% do total) e também nossos maiores fornecedores (24%).

Fonte: Ministério do Desenvolvimento, Indústria e Comércio Exterior.

Com o tempo, essa participação foi diminuindo e, em 2009, pela primeira vez, os Estados Unidos foram desbancados pela China.

Em 2010, as exportações brasileiras para a China foram maiores que as exportações para os Estados Unidos. Em termos de importação houve praticamente um "empate técnico" entre esses dois parceiros. Todavia, há uma diferença importante: enquanto obteve superávits – cada vez menores – com a China, o Brasil registrou saldos negativos constantes no comércio bilateral com os Estados Unidos. A Argentina, nosso principal sócio no âmbito do Mercosul, se manteve como terceiro maior parceiro comercial do Brasil.

Em termos de blocos econômicos, a União Europeia continuou sendo um importante parceiro, responsável ao longo de toda a década por cerca de 22% de nossa corrente de comércio (exportações e importações somadas). A Ásia aumentou sua participação e passou a representar quase 30% da corrente comercial do Brasil. Os Estados Unidos diminuíram sua participação para cerca de 13%. O Mercosul, fundamentalmente a Argentina, respondeu por pouco mais de 10% de nosso comércio exterior. O declínio da importância do Mercosul refletiu tanto as mudanças no panorama do comércio mundial quanto as dificuldades enfrentadas pelo bloco do Cone Sul.

No que se refere à pauta de produtos, tanto exportados como importados, houve grande diversificação. Apesar de exportar produtos de tecnologia avançada, como aeronaves, automóveis e veículos de carga, o Brasil sofreu durante o período uma "primarização" das exportações, com participação crescente das matérias-primas minerais e agrícolas. Em 2010, as *commodities* representavam cerca de dois terços do total de nossas exportações. Aí, também, o "efeito China" foi decisivo.

A geografia dos shopping centers no Brasil

A presença dos *shopping centers* é fenômeno historicamente recente na paisagem urbana brasileira. Não é qualquer agrupamento de lojas que pode ser considerado um *shopping center*. Na definição do conceito, a Associação Brasileira de *Shopping Centers* (Abrasce) estabelece que *shopping center* é "um empreendimento constituído por um conjunto de lojas, operando de forma integrada, sob administração única e centralizada; composto de lojas destinadas à exploração de ramos diversificados ou especializados de comércio e prestação de serviços".

Há controvérsia em relação à data do surgimento do primeiro *shopping center* no país. Alguns analistas afirmam que o pioneiro teria se instalado no bairro carioca do Méier, em 1963. Segundo a Abrasce, contudo, o primeiro foi o Iguatemi, inaugurado em 1966, na cidade de São Paulo.

A quantidade de desse tipo de empreendimento no país cresceu de forma exponencial, especialmente a partir da década de 1980, quando o fenômeno experimentou expansão em número cada vez maior de estados e, também, nas grandes cidades pioneiras desse tipo de comércio varejista.

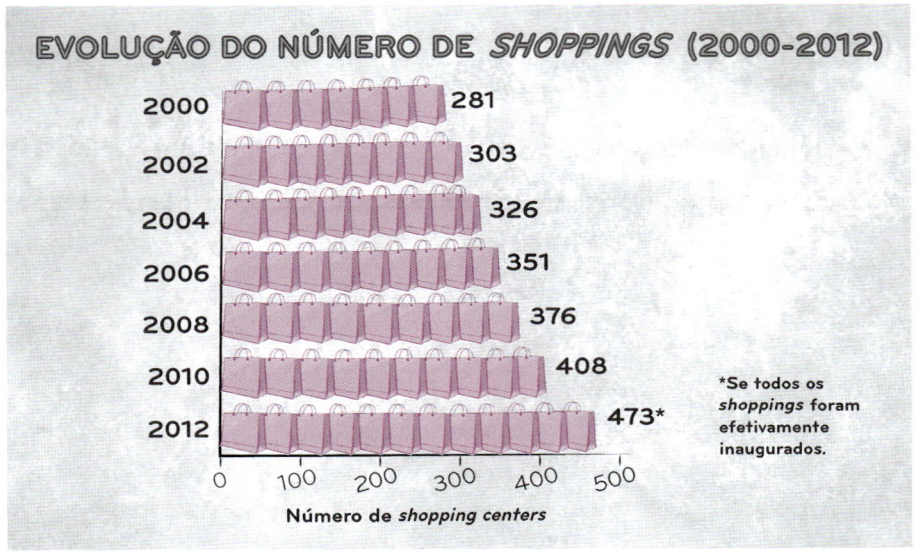

EVOLUÇÃO DO NÚMERO DE *SHOPPINGS* (2000-2012)

Ano	Número
2000	281
2002	303
2004	326
2006	351
2008	376
2010	408
2012	473*

*Se todos os shoppings foram efetivamente inaugurados.

Número de *shopping centers*

Fonte: Abrasce.

Se, nos primeiros anos, só as capitais estaduais abrigavam *shopping centers*, nas décadas de 1980 e, principalmente, de 1990, tais empreendimentos se disseminaram por inúmeras cidades médias e capitais regionais.

Em 2000, operavam 281 *shopping centers*. Em 2014, esse tipo de estabelecimento comercial ultrapassou a marca de 500, solidificando a posição do Brasil entre os dez países do mundo em número de *shoppings*.

A importância da chamada "indústria de *shopping center*" no país pode ser avaliada pelos seguintes dados: em conjunto, os *shoppings* abrigam mais de 3 mil lojas-âncora e mais de 65 mil lojas-satélite; o número de cinemas supera 2,5 mil e os estacionamentos têm capacidade para cerca de 700 mil veículos. Em 2013, mais de 400 milhões de pessoas circularam a cada mês nessas catedrais do consumo no país.

Em 2011, o faturamento dos *shopping centers* alcançou a casa dos R$ 108 bilhões, exibindo crescimento de quase 20% em relação ao ano anterior. Além disso, os *shoppings* são responsáveis por mais de 800 mil empregos diretos. Não há dúvida de que as facilidades de crédito, o incremento dos empregos com carteira assinada e a ascensão da "nova classe média" vêm impulsionando o crescimento do setor nos últimos anos.

A distribuição geográfica regional dos *shopping centers* espelha o PIB e o poder de compra. A região Sudeste concentra pouco

BRASIL: DISTRIBUIÇÃO GEOGRÁFICA REGIONAL DOS *SHOPPINGS*

Norte 3,5%

Nordeste 13,7%

Sudeste 55,8%

Centro-Oeste 8,6%

Sul 18,4%

Fonte: Abrasce.

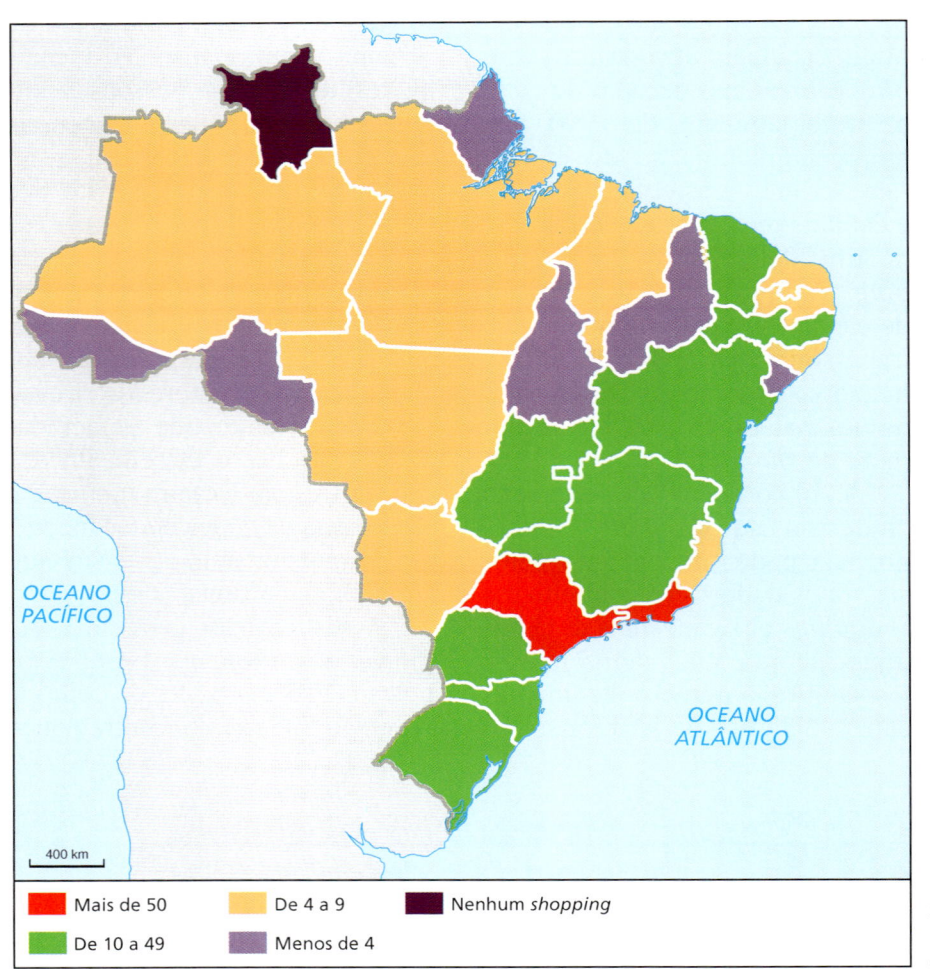

Shopping centers em operação (2012).

mais da metade dos empreendimentos, seguida pelas regiões Sul, Nordeste, Centro-Oeste e Norte. O Sudeste também concentra cerca de dois terços do número de lojas e dos empregos gerados pelo setor.

Em termos estaduais, PIB e poder de compra também são as variáveis decisivas. São Paulo e Rio de Janeiro abrigam, juntos, quase a metade de todos os *shoppings* existentes no país. Minas Gerais, Rio Grande do Sul, Paraná, Santa Catarina e Distrito Federal ocupam posições destacadas. De maneira geral, os estados do Nordeste e Norte têm número bastante inferior, embora crescente, de *shopping centers*.

No período inicial, os *shopping centers* ficaram praticamente limitados ao horizonte das capitais estaduais. Na maior parte dos estados, as capitais ainda concentram o maior número de *shoppings*. Todavia, nas últimas duas décadas, verificou-se incremento expressivo de empreendimentos em cidades médias, que não desempenham a função de capitais. São Paulo evidencia a nova tendência de descentralização. Atualmente, apenas cerca de um terço dos *shopping centers* situa--se na capital paulista.

Esse tipo de empreendimento transformou-se no traço mais marcante da paisagem do comércio varejista brasileiro. Do ponto de vista geográfico, a distribuição dos empreendimentos reproduz com bastante fidelidade os grandes desequilíbrios regionais – e, indiretamente, as desigualdades sociais do país.

Transição demográfica e Previdência Social

Em quase todo o mundo, os sistemas previdenciários funcionam da seguinte forma: a geração que atualmente trabalha financia a que já se aposentou e, no futuro, os trabalhadores atuais serão financiados por aqueles que chegarão ao mercado de trabalho. Se não ocorrerem alterações importantes na dinâmica demográfica nem problemas sérios no mercado de trabalho, o sistema previdenciário funcionará sem graves sobressaltos. Todavia, haverá sérios problemas se os indivíduos passarem a viver mais do que viviam na época em que o sistema foi criado. A "solidariedade" entre os trabalhadores de hoje e os do futuro também será rompida se a economia passar a crescer com menor oferta de empregos e a população ativa não aumentar. Ou, ainda, na hipótese de a parcela maior da população ativa passar a exercer atividades informais.

Desequilíbrios previdenciários podem ser ajustados de quatro formas. A primeira seria elevar os valores das contribuições previdenciárias para os trabalhadores da ativa. Aumentar o tempo de contribuição e o limite de anos para se aposentar seria a segunda. Outra seria reduzir os benefícios para os já aposentados que recebem o salário integral, o mesmo de quando estavam na ativa. Por fim, existe a alternativa de algum tipo de combinação entre as três soluções anteriores.

No Brasil, os beneficiários da Previdência Social somam cerca 30 milhões de pessoas, divididas em dois grupos: o dos aposentados e o dos pensionistas. Os primeiros reúnem cerca de dois terços dos beneficiários, dos quais pouco mais da metade encontra-se nessa condição por ter chegado à idade limite para a aposentadoria, que é de 65 anos, enquanto os demais são os aposentados por invalidez ou por terem cumprido o tempo de contribuição (35 anos para o homem e 30 para a mulher). O grupo dos pensionistas perfaz cerca de um terço dos beneficiários da Previdência. A maioria é composta por mulheres, que recebem aposentadorias de seus maridos falecidos.

A idade limite para a aposentadoria não está em descompasso com os padrões vigentes em diversos outros países. Todavia, o Brasil destoa da maioria por permitir brechas na legislação. O maior desequilíbrio está ligado ao regime especial de aposentadorias do funcionalismo público federal. Esse grupo representa menos de 5% dos aposentados, mas gera um déficit que, em 2011, girava em torno de R$ 50 bilhões. Todos os demais juntos, ou seja, mais de 95% do total, produzem déficit de R$ 42 bilhões. Como consequência, o sistema previdenciário do país é muito caro, apesar do predomínio da população relativamente jovem. Em termos de porcentagem do PIB, o Brasil chega a gastar o dobro ou o triplo de países com maior população idosa.

As mudanças demográficas não alteram o perfil populacional de um país num curto espaço de tempo. Mas, em 30 ou 40 anos, a soma de pequenas mudanças é enorme. Tais transformações representam um enorme desafio para o conjunto da sociedade, uma vez que os governos e os parlamentares costumam protelar decisões difíceis para não desagradar segmentos importantes da população.

A partir da segunda metade do século XX, a dinâmica demográfica brasileira passou a ser influenciada por três fatores, que impactam o sistema previdenciário: a diminuição da mortalidade infantil, a queda dos índices de fecundidade e a redução das taxas de mortalidade entre a população adulta. A queda da mortalidade infantil – de 80% nos últimos 60 anos – contribuiu para que o crescimento populacional se acelerasse entre 1950 e 1970. A partir de então, a queda da natalidade se acentuou e o ritmo de crescimento da população passou a se reduzir, chegando a níveis relativamente baixos na década de 1990.

O envelhecimento da população brasileira é um dos mais

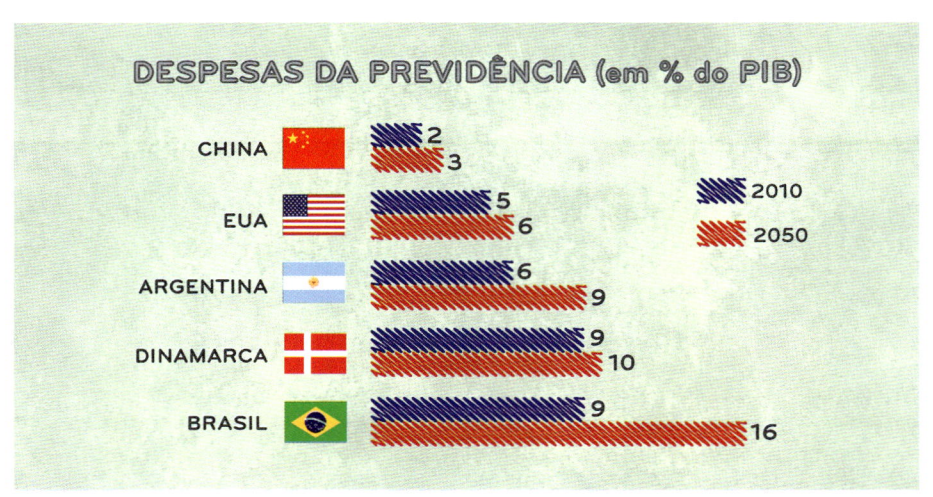

DESPESAS DA PREVIDÊNCIA (em % do PIB)

	2010	2050
CHINA	2	3
EUA	5	6
ARGENTINA	6	9
DINAMARCA	9	10
BRASIL	9	16

Fonte: Standard & Poors.

rápidos do mundo, e deverá ter continuidade ainda por muitos anos. A melhoria das condições médico-hospitalares gera aumento expressivo da expectativa de vida. Atualmente, a expectativa de vida média de um brasileiro é pouco superior a 72 anos, devendo atingir a marca dos 80 anos em 2050. Nesse contexto, o grupo etário dos idosos (com mais de 60 anos) teve expressivo aumento de sua participação no total da população. Em 1980, esse segmento correspondia a cerca de 6% da população; em 2010, a participação aproximou-se de 10%. A parcela de idosos deve triplicar até 2050.

O processo de transição demográfica repercute fortemente no sistema previdenciário, porque acarreta uma crescente participação do segmento com mais de 65 anos. Por isso, é necessário lançar um olhar cuidadoso para a composição etária dentro do grupo de idosos. Com mais atenção ainda, deve-se analisar a expansão do subgrupo constituído por indivíduos com mais de 75 anos, os "superidosos": eles são cruciais para a determinação do tempo de duração dos benefícios previdenciários. As projeções atuais indicam que a participação dos "superidosos" atingirá 10% da população total por volta de 2050.

Sem reformas no sistema, o Brasil ficará velho antes de ficar rico o suficiente para assegurar os benefícios previdenciários garantidos na lei. A transição demográfica

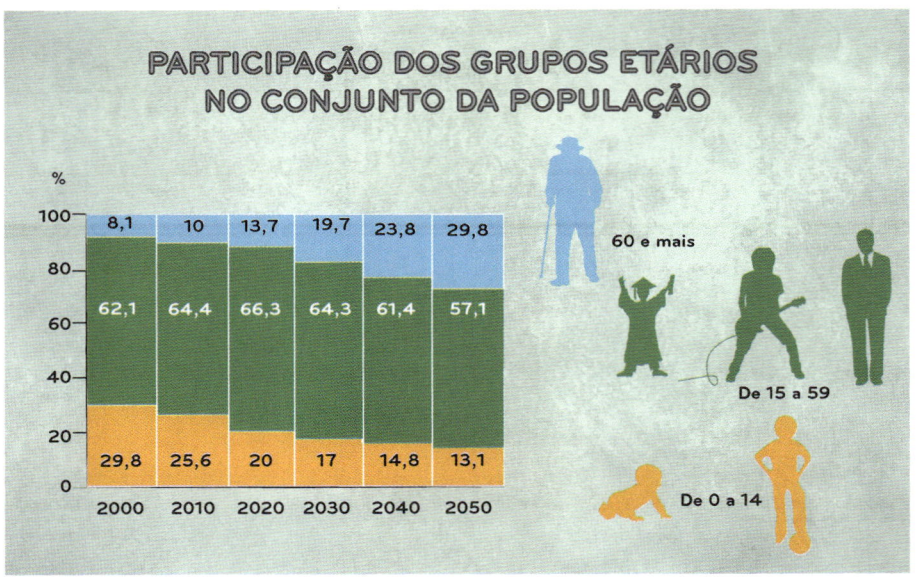

Fonte: IBGE.

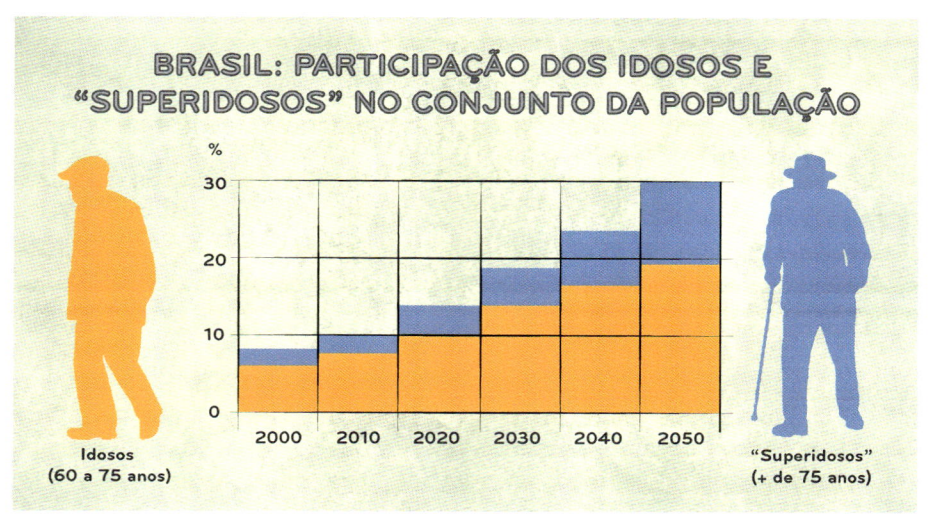

BRASIL: PARTICIPAÇÃO DOS IDOSOS E
"SUPERIDOSOS" NO CONJUNTO DA POPULAÇÃO

Idosos
(60 a 75 anos)

"Superidosos"
(+ de 75 anos)

Fonte: IBGE.

não pode ser negligenciada, pois representa enorme desafio para a própria viabilidade econômica e social do país. A reforma da previdência, discutida há décadas, permanece emperrada em função de injunções políticas. Mantidas as regras atuais, o déficit previdenciário, que já é enorme, crescerá de forma insustentável, deixando como herança um ônus irremediável para as futuras gerações.

159

Novos rumos da África e os interesses do Brasil

Os países da África entraram no século XXI sem resolver muitos de seus imensos problemas sociais – entre os quais, a pobreza endêmica, o rápido processo de urbanização, a integração nacional, a desigualdade de gêneros, a desnutrição, os conflitos internos e a violência política. Essa situação é o resultado de uma combinação de fatores externos e internos. A pesada herança colonial deixou marcas profundas nas sociedades africanas, que até hoje se manifestam. Governos ditatoriais e elites corruptas retardam o desenvolvimento econômico. As consequências abrangem a supressão das liberdades, a violação dos direitos humanos, a pilhagem dos recursos humanos naturais e intelectuais do continente.

Se, atualmente, a África possui 54 Estados soberanos, antes de 1960 esse número não chegava a dez. A maioria dos países africanos tem pouco mais de 50 anos de vida independente.

Todavia, a África do início da década de 2010 exibe uma paisagem diferente daquela do início dos anos 1960, quando se libertava do jugo colonial. Os desafios de hoje não são os mesmos ou,

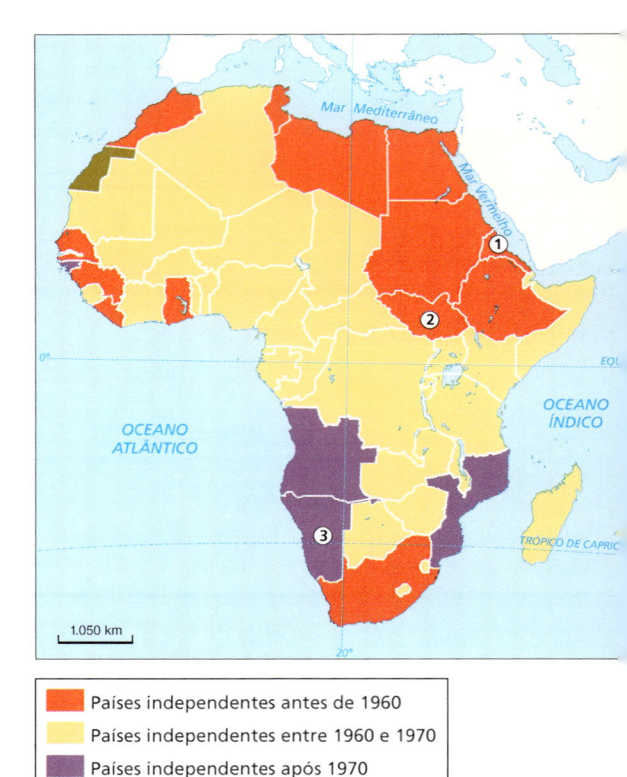

Países independentes antes de 1960
Países independentes entre 1960 e 1970
Países independentes após 1970
Ocupado pelo Marrocos desde 1975
① Separou-se da Etiópia em 1993
② Separou-se do Sudão em 2011
③ Libertou-se da África do Sul em 1990

África: momentos da descolonização.

em diversos casos, apresentam dimensões diferentes no contexto atual. Foram feitos grandes progressos em matéria de educação e saúde, e alguns países conseguiram construir com algum sucesso sistemas democráticos de governança. A dissolução do *apartheid* na África do Sul, em 1994, a queda de vários regimes autoritários na última década e, mais recentemente, as profundas mudanças geradas pela "primavera árabe" no norte do continente abriram novas perspectivas de democratização e de desenvolvimento.

Nos últimos dez anos, bem diferente do que vinha ocorrendo na década de 1990, os países africanos têm apresentado, de modo geral, expressivo crescimento econômico. A expansão média anual do PIB girou em torno de 5% ao ano, com exceção de 2009, por conta dos efeitos da crise econômica mundial. Contudo, o crescimento recente teve como ponto de partida uma base muito baixa. Ainda hoje, o PIB conjunto dos 54 países africanos é inferior ao do Brasil.

A expansão econômica dos países africanos não foi uniforme. Nos últimos anos, as economias da África do Norte cresceram abaixo da média, principalmente como decorrência das turbulências provocadas pela "primavera árabe". Na África Subsaariana, em contraste, o crescimento tendeu a superar a média do continente. Os destaques foram os exportadores de petróleo.

Desde o início do século XXI, os preços internacionais das matérias-primas minerais, energéticas e agrícolas, abundantes na África, experimentaram forte crescimento. A demanda chinesa provocou uma disputa acirrada pelas *commodities*, beneficiando todos os

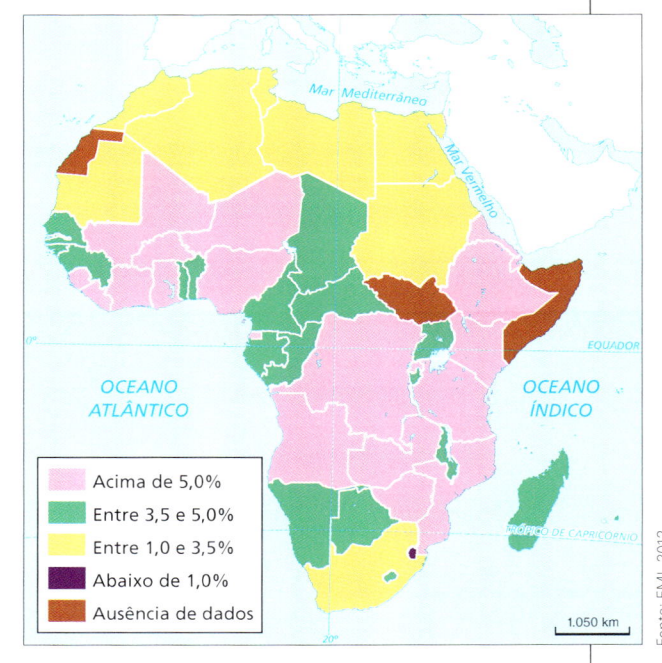

Crescimento do PIB (2012/2013).

Fonte: FMI, 2012.

exportadores. A dimensão da presença chinesa no continente pode ser mais bem avaliada quando se sabe que, nos últimos dez anos, a potência asiática saltou da nona para a segunda posição no quadro dos parceiros comerciais dos países africanos. Hoje, nesse quadro, a China figura à frente das antigas potências coloniais europeias, sendo superada apenas pelos Estados Unidos.

O Brasil quadruplicou seus fluxos de comércio com a África na última década. Apesar disso, esse valor representa apenas cerca de 5% do fluxo total do comércio exterior brasileiro. Dos 50 maiores parceiros comerciais do Brasil, apenas seis – Nigéria, Argélia, Egito, África do Sul, Angola e Marrocos – são africanos. Eles representam cerca de 80% do total do comércio do Brasil com a África, e com todos, à exceção do Egito, a balança comercial é negativa. O déficit deriva das importações brasileiras de petróleo e gás. O saldo negativo com a Nigéria está entre os maiores dentre todos os intercâmbios bilaterais do Brasil. Quase a totalidade dos produtos importados da Nigéria correspondem a combustíveis, algo que se repete nos casos da Argélia e de Angola. Os destaques das exportações brasileiras para a África ficam para o açúcar, as aves e carnes. O mercado africano consumidor de manufaturados é dominado pela China, pelos Estados Unidos e pela União Europeia.

O avanço das relações comerciais entre o Brasil e os países africanos é explicado por uma combinação de fatores, com ênfase na diminuição do número de conflitos internos na África e numa ação diplomática mais agressiva do Brasil. A paz faz uma enorme diferença. Apesar da persistência de cenários caóticos em países como a Somália e a República Democrática do Congo, e de tensões internas significativas na região do golfo da Guiné (Nigéria e Costa do Marfim, por exemplo) e na faixa do Sahel (Mali, Níger e Chade), a situação geral é mais estável do que aquela que se verificava na década de 1990.

A diplomacia também tem seu peso. Atualmente, o Brasil possui 38 embaixadas na África, e Brasília é a capital latino-americana com o maior número dessas representações diplomáticas de países africanos. Para além da diplomacia clássica, o Brasil investe especialmente na troca de conhecimentos nas áreas de agricultura, saúde e formação profissional. O governo brasileiro perdoou ou reestruturou as dívidas de 12 países africanos, numa iniciativa que causou polêmica. A "estratégia africana" do

Brasil tem a meta de obter o apoio dos países do continente à pretensão de Brasília a uma cadeira de membro permanente no Conselho de Segurança das Nações Unidas.

Ao mesmo tempo, empresas brasileiras estão cada vez mais presentes na África. A ação política do governo está atrás do fenômeno: o Banco Nacional de Desenvolvimento Econômico e Social (BNDES) lançou diversas medidas destinadas a facilitar o acesso a empréstimos e créditos especiais a empresas brasileiras em países africanos. A Petrobras, estatal, a mineradora Vale do Rio Doce e as grandes construtoras Queiroz Galvão, Oderbrecht, Andrade Gutierrez e Camargo Correia estão presentes ou possuem projetos em mais de 20 países da África.

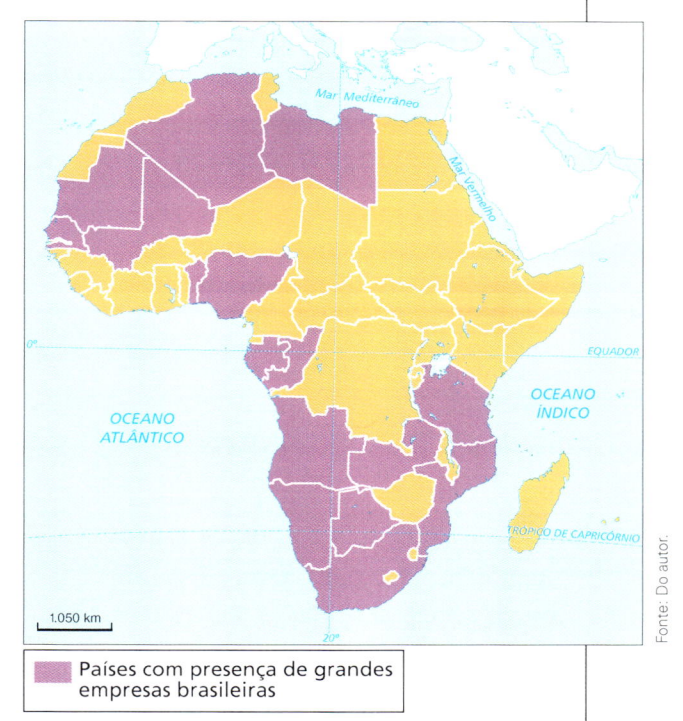

Países com presença de grandes empresas brasileiras

O Brasil na África.

Fonte: Do autor.

O "capitalismo de estado", no entanto, privilegia as grandes corporações: a presença de médias e pequenas empresas brasileiras na África é insignificante.

163

Brasil: panorama do presente e caminhos para o futuro

Durante muito tempo, o Brasil foi para os brasileiros e para a comunidade internacional o "país do futuro", um futuro que nunca chegava. Tanto externa como internamente havia certo consenso de que um país de grande extensão territorial, detentor de enormes potencialidades naturais – terras disponíveis, recursos hídricos, minerais e energéticos, além da maior floresta tropical do mundo –, que não estava sujeito a catástrofes naturais extremas e com um dos maiores contingentes populacionais, só poderia mesmo ter um futuro promissor.

Todavia, as razões dos insucessos do Brasil nessa busca de um futuro promissor estavam ligadas ao fato de que os problemas internos mais sérios não eram resolvidos, porque – e aí se utilizava uma frase atribuída, na década de 1960, ao então presidente da França, Charles De Gaulle – o Brasil "não é um país sério".

Essa percepção negativa sobre o país começou a mudar especialmente nas duas últimas décadas, como resultado de uma combinação de fatores, dentre os quais podemos destacar a consolidação democrática, a abertura econômica, a estabilização da economia e um processo de incorporação de importantes contingentes da população aos mercados de consumo, resultado da contínua melhoria nos indicadores de distribuição de renda, aliados a uma

Fonte: Revista *Educatrix*, 3. ed., outubro de 2012, p. 62.

expressiva redução dos índices de pobreza absoluta. Tudo isso fez o mundo enxergar o Brasil como um dos mais importantes países emergentes da atualidade.

Porém, todo esse saldo positivo ainda não é garantia de que o Brasil tenha chegado à almejada condição de país com desenvolvimento sustentável, pois há pela frente enormes desafios a vencer, ligados não só a questões há muito não resolvidas como também a outras mais recentes, que constantemente se impõem.

A aceleração do processo de globalização no mundo na última década impactou sobremaneira o Brasil, e dentre as transformações geradas quatro são muito importantes. A primeira delas foi o peso crescente da economia da China em nosso comércio exterior. Ao longo da primeira década do século XXI, os chineses se transformaram no nosso principal parceiro comercial e foi principalmente devido a isso que o Brasil se consolidou como um grande exportador de *commodities.*

Uma segunda expressiva transformação foi a emergência de um grande potencial energético que não aparecia com destaque nas avaliações feitas há uma década. Por um lado, em virtude da qualidade de nossa matriz energética, o Brasil pode apostar cada vez mais num padrão de desenvolvimento menos intensivo no uso de carbono, especialmente com o uso do etanol e do biodiesel. Por outro, a descoberta dos enormes recursos petrolíferos do pré-sal oferece uma grande oportunidade na exploração do petróleo.

Durante os dois primeiros anos da crise econômica global, que eclodiu em 2008, o bom desempenho do Brasil melhorou a imagem do país perante a comunidade internacional. Além disso, despertou o interesse do mundo financeiro com a popularidade

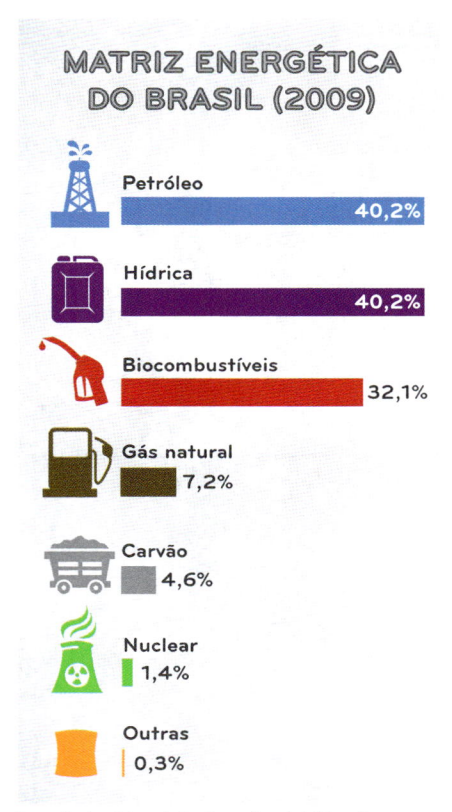

Fonte: Revista *Educatrix*, 3. ed., outubro de 2012, p. 62.

165

surgida em razão da inclusão do país no grupo dos países emergentes mais importantes, denominado Bric, "entidade" formada por Brasil, Rússia, Índia e China.

Por fim, a escolha do Brasil para sede de vários eventos internacionais – Rio+20, Copa das Confederações, Copa do Mundo e Olimpíadas –, no curto espaço de quatro anos (2012 a 2016), de certa forma catapultou, positivamente, a imagem do país perante o mundo.

Os próximos dez anos: algumas tendências

Diz o ditado que "o futuro a Deus pertence". Mesmo considerando que o futuro é carregado de surpresas, não há como deixar de levar em conta fenômenos que continuarão a impactar o Brasil nos próximos anos. Dentre esses fenômenos, dois merecem maior destaque: as dinâmicas populacionais relacionadas à transição demográfica e o avanço da interiorização do desenvolvimento.

Nos próximos anos, o Brasil sentirá os efeitos combinados de fenômenos demográficos. De um lado, haverá um número cada vez maior de idosos, que viverão mais tempo por conta do avanço das condições médicas e maior acesso à informação. De outro, haverá menos crianças e adolescentes, reflexo das transformações sociais, econômicas e culturais. Se-gundo o IBGE, em 2050 haverá menos de 20 milhões de crianças e mais de 45 milhões de idosos em relação ao momento presente.

O segmento etário da população entre 5 e 14 anos – basicamente alunos do ensino fundamental – deverá diminuir em torno de 20% nos próximos dez anos. Nesse mesmo período, calcula-se que o número de idosos aumentará em quase 10 milhões de indivíduos, e aqueles denominados "superidosos", indivíduos com mais de 75 anos, serão cerca de 2 milhões de pessoas a mais que na atualidade.

Essa situação acarretará grandes polêmicas na definição das políticas públicas. Já no começo da próxima década, a população entre 20 e 40 anos – o segmento etário mais dinâmico em termos de inovações e o que absorve com mais facilidade e rapidez as novas tecnologias – começará a diminuir. Com a queda do número de jovens, será menor o contingente etário a ingressar no mercado de trabalho, tornando imprescindível reforçar os mecanismos de treinamento de mão de obra. Portanto, sem uma profunda melhoria da qualidade do ensino o país estará fadado ao fracasso.

Obviamente, haverá uma pressão cada vez maior sobre alguns serviços direcionados à população de idade superior a 60 anos, além de grandes reflexos ligados ao sistema previdenciário. Se não forem feitas reformas no sistema previdenciário, teme-se que o Brasil fique velho antes de ficar rico. Nesse contexto, urge a necessidade de uma reforma da Previdência.

Nas últimas duas décadas também aconteceram importantes alterações nos padrões de localização das atividades econômicas no interior do território nacional, e uma das mais importantes foi a desconcentração espacial da base produtiva. A constatação desse fato pode ser comprovada pela queda da participação das regiões Sul e Sudeste no PIB nacional, enquanto houve um crescimento significativo das regiões Norte, Centro-Oeste e Nordeste na geração da riqueza nacional, como decorrência do melhor aproveitamento das vantagens comparativas entre as regiões.

No Nordeste, o setor que mais cresceu foi o de bens de consumo não duráveis, juntamente com o turismo. No Sudeste, o setor de bens duráveis apresentou uma desconcentração, que ficou restrita à própria região, fenômeno que alguns especialistas denominam de desconcentração concentrada. Na região Centro-Oeste, o foco de expansão foi o impressionante avanço do agronegócio. No caso da região Norte, a dinâmica econômica da expansão esteve ligada à exploração mineral e ao potencial hidrelétrico, além do aproveitamento cada vez maior da biodiversidade, aplicada principalmente nos setores farmacêutico e de cosméticos.

O Brasil se saiu relativamente bem da recente crise econômica global em seus dois primeiros anos. Contudo, a partir de 2011, o cenário internacional, que havia sido tão favorável ao país durante grande parte da primeira década do século XXI, se deteriorou sensivelmente e começou a se refletir com mais intensidade por aqui. Embora ainda não se saiba exatamente qual a extensão e a profundidade dessa crise, a maioria dos especialistas acredita que não se repetirão as condições favoráveis ao crescimento mundial verificado na última década. Essa situação parece sinalizar para um contexto de maior protecionismo dos países e uma maior participação do Estado na economia.

Se o Brasil conseguir associar suas potencialidades intrínsecas a um bom aproveitamento das oportunidades externas que se apresentarem e encaminhar soluções satisfatórias para seus principais desafios estruturais – na educação, na infraestrutura viária e energética, no sistema burocrático estatal, na redução da carga tributária, na qualidade do gasto público, além de aumentar significativamente a poupança interna e aprofundar programas, tendo em vista a redução das desigualdades sociais –, estará pavimentando o caminho rumo ao desenvolvimento sustentável.

Parte 4
Caminhos do mundo

Representação sem rigor cartográfico.

Retratos do Canadá Ocidental (junho de 2011)

A região das Planícies Centrais do Canadá abrange três das dez províncias do país – e a mais ocidental delas, Alberta, é conhecida como a "Rosa Selvagem". Nela, 70% do território é composto por planícies, mas sua porção sudoeste apresenta relevo bem mais acidentado, devido à presença das Montanhas Rochosas. É nessa área, compartilhada entre Alberta e a província vizinha da Colúmbia Britânica, que se situam os maiores parques nacionais do Canadá, como os de Banff e Jásper.

Alberta concentra cerca de 3,5 milhões de habitantes, cerca de um décimo da população do país. Apesar da grande importância do setor primário de sua economia, mais de 80% da população da província reside no meio urbano e se concentra principalmente em duas cidades: Edmonton, a capital administrativa (1,1 milhão) e Calgary, o maior núcleo financeiro (1,2 milhão).

Fundada em 1905, Calgary desenvolveu-se primeiramente em função da produção agropecuária. Em 1947, com a descoberta de grandes jazidas de petróleo na província, a economia da cidade decolou, adquirindo ainda maior dinamismo com descobertas de novas jazidas nas décadas de 1960 e 1970. A exploração dessas reservas transformou o Canadá no

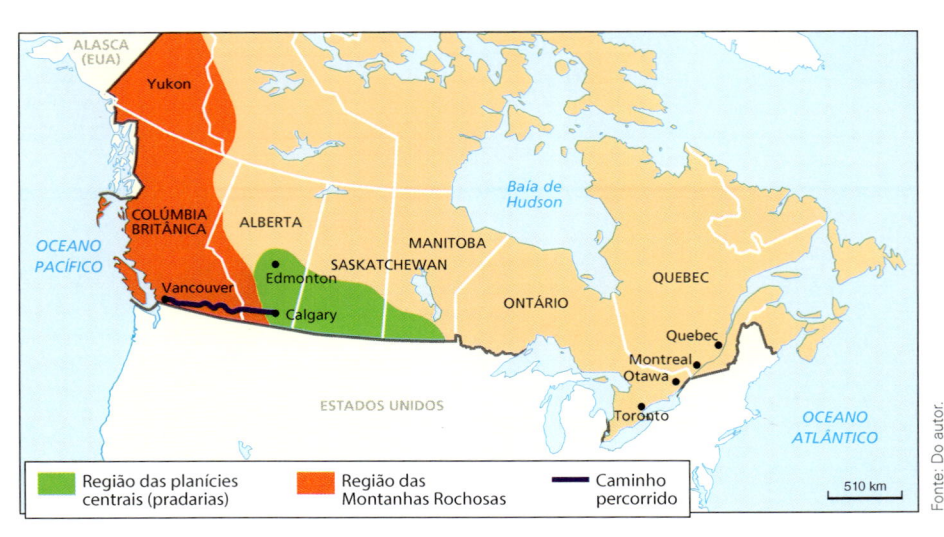

Canadá Ocidental: das pradarias às Rochosas

maior fornecedor de petróleo e gás natural para os Estados Unidos.

Quatro horas de voo separam Calgary de Toronto, a principal metrópole canadense. O centro da cidade é formado por uma compacta aglomeração de edifícios, que contrasta com uma vasta mancha urbana horizontal, a maior do Canadá. A cidade tem invernos gélidos, com temperaturas que podem atingir até 40ºC negativos. Em diversos pontos do centro, passarelas fechadas interligam edifícios, projetando-se sobre as ruas. Num belo domingo de sol, do alto dos 190 metros da Calgary Tower, um dos marcos da cidade, avistei não apenas o imenso tapete de urbanização, como também, ao longe, os primeiros contrafortes das Rochosas.

A cidade oferece várias atrações, como o Museu Glenbow e Calgary Stampede. O primeiro é um dos melhores museus do país, com destaque para a seção indígena, onde se destaca a cultura dos *blackfoot* e *cree*, povos que habitavam a região antes da chegada dos colonizadores. O Stampede é algo similar à nossa Festa do Peão Boiadeiro, só que muito maior. No verão, durante dez dias, Calgary toda se transforma e recebe cerca de um milhão de pessoas de várias partes do mundo para ver e participar das competições, realizadas numa enorme arena.

De Calgary, segui de ônibus em direção a Vancouver. Durante cinco dias, atravessei a região das Rochosas, percorrendo trechos dos principais parques nacionais do país, que foram declarados patrimônios da humanidade pela Unesco. No trajeto, descortinam-se paisagens naturais de rara beleza. Sob o signo onipresente das Rochosas, com seus picos cobertos de neve, avistei extensas florestas e belíssimos lagos de origem glacial. As estradas que cortam os parques são margeadas de cercas, para preservar a vida selvagem. Em vários pontos delas, existem passarelas cercadas, exclusivas para o trânsito de animais entre um lado e o outro da pista. No caminho, não é incomum vislumbrar os animais em seu hábitat natural. Nosso grupo teve a sorte de ver um filhote de urso negro.

Visitei o Columbia Icefield, um enorme campo de gelo formado por doze glaciares que, como em áreas similares do mundo, estão em processo de recuo, provavelmente em função do aquecimento global. Por sua enorme extensão, o fluxo de água que derrete do Columbia Icefield escoa tanto na direção dos Grandes Lagos como na dos oceanos Pacífico e Glacial Ártico.

Vancouver é o principal núcleo urbano da Columbia Britânica. Cheguei à cidade nos dias em que ocorriam os jogos finais da Stanley Cup, entre a equipe local de hóquei sobre o gelo – os Canucks – e os Bruins, da cidade de Boston (Estados Unidos). O hóquei sobre o gelo é o esporte mais popular do Canadá, e há muitos anos os Canucks não chegavam às finais da competição. Nos dias dos jogos, a cidade praticamente parou, num clima semelhante ao de Copa do Mundo de futebol.

A disputa derradeira aconteceu no dia em que deixei Vancouver. No avião, rumo a Toronto, o comandante informou o resultado: os Canucks haviam sido derrotados. A consternação de muitos passageiros se misturou à alegria de outros, provavelmente residentes de outras cidades do Canadá. Lá, como cá, são fortes as rivalidades esportivas regionais. No dia seguinte, já no Brasil, li em cadernos de esportes a notícia de atos de vandalismo promovidos no centro de Vancouver por

torcedores dos Canucks, inconformados, que chegaram a entrar em confrontos com a polícia.

O Canadá Ocidental é uma ponte entre a América do Norte e a Ásia. Em Vancouver, não há como não registrar a presença marcante de comunidades de origem asiática, especialmente chineses e indianos. Coincidência ou não, nas duas vezes em que utilizei táxi, os condutores dos veículos eram indianos da etnia sikh, com seus turbantes e barbas compridas. Chinatown é bem grande e, segundo os locais, só fica atrás dos bairros chineses de São Francisco e Nova York. Para minha surpresa, num trecho de Chinatown de Vancouver observei um número relativamente grande de *homeless* (sem teto) e jovens drogados. Pensei na "cracolândia" de São Paulo: as mazelas urbanas do mundo em desenvolvimento também estão presentes no rico Canadá.

Bogotá e os ecos distantes da violência colombiana (maio de 2012)

Aviagem aérea de São Paulo a Bogotá tem duração aproximada de cinco horas e meia. Pelos meus cálculos, durante cerca de quatro horas e meia o avião sobrevoou o território brasileiro e, no restante do tempo, cruzou o espaço aéreo da Colômbia. Levando em conta esses dados, e a direção noroeste seguida pela aeronave, minha primeira visão da Colômbia foi a parte amazônica do país, que nada mais é do que a continuidade do domínio florestal homônimo ao brasileiro.

Depois de cerca de meia hora de voo em terras colombianas, a enorme mancha florestal foi ficando mais rala e o relevo cada vez mais acidentado, prenunciando os contrafortes de um dos ramos da cordilheira dos Andes. Em território da Colômbia, os Andes se dividem em três ramos: a cordilheira Ocidental, mais próxima do Pacífico, a cordilheira Central e a cordilheira Oriental. Foi esse último ramo andino que cruzei antes de desembarcar em Bogotá.

Na área rural em torno da capital, minutos antes da aterrisagem, observei centenas de estufas destinadas ao cultivo de flores. A Colômbia está entre os maiores exportadores de flores do mundo. As rosas colombianas são tão famosas quanto o café produzido no país.

Emoldurada pela cordilheira Oriental, Bogotá assenta-se sobre um planalto elevado, com altitude de 2.640 metros. As montanhas andinas formam uma referência visual constante para os habitantes da cidade, que é a terceira capital mais alta do mundo,

Colômbia: regiões naturais e cidades.

Fonte: Do autor.

173

superada apenas por La Paz (Bolívia) e Quito (Equador). Logo na chegada, é possível sentir, fisicamente, as condições altimétricas da cidade.

Outra característica natural da aglomeração urbana é a pequena amplitude térmica anual, característica marcante dos climas equatoriais. Localizada em plena faixa equatorial, a 4° N de latitude norte, mas em elevada altitude, Bogotá vive uma "eterna primavera": a temperatura média noturna é de cerca de 8°C e a média anual diurna gira ao redor de 20°C, caracterizando o tipo climático batizado por alguns como equatorial de altitude. As estações são assinaladas pelas precipitações: o verão relaciona-se à época menos úmida, e o inverno, à mais úmida.

Com quase 9 milhões de habitantes em sua área metropolitana, Bogotá é o maior núcleo urbano e, também, o principal centro financeiro, comercial, cultural e administrativo do país. A arquitetura urbana evidencia os contrastes e a convivência entre o passado e o presente: de um lado, as ruas estreitas e as edificações coloniais do centro histórico (a Candelária); do outro, a moderna Zona Rosa, onde se concentram os *shopping centers*, restaurantes e hotéis mais sofisticados.

Na Candelária situam-se os principais museus da cidade, dos quais destaco o do Ouro e o Botero. No primeiro, estão expostas cerca de 3,5 mil peças do valioso metal. São trabalhos artesanais dos povos pré-colombianos, que os colonizadores não conseguiram transferir para a Espanha. Lá estão ornamentos e objetos de usos diversos desses povos originais, cuja matéria-prima tinha valor simbólico, não material. O ouro encontrado no solo e nos rios, para os nativos, nada mais era que pedaços do Sol, que se haviam desprendido e caído sobre a Terra.

Já no Museu Botero, além de dezenas de quadros do famoso pintor e escultor colombiano, há também obras de Picasso, Dalí, Matisse, entre outros. As pinturas e esculturas de Botero têm uma característica única: a representação de figuras gordas. Sua técnica artística inconfundível é a de fazer corpos bem roliços e depois colocar detalhes como olhos, bocas, orelhas, anéis, relógios, desproporcionalmente diminutos. Também na Candelária encontra-se o Centro Cultural Gabriel García Márquez, que homenageia o mais importante escritor colombiano, ganhador do Nobel de Literatura (1982) e autor de *Cem anos de solidão*, marco mais popular do realismo fantástico latino-americano.

Bogotá é uma cidade de trânsito intenso, caótico, e seus motoristas, especialmente os de táxis e ônibus, usam insistentemente as buzinas e parecem desconhecer as regras da chamada direção defensiva. Por conta da poluição, há um rodízio de veículos que, de acordo com os números de placa, veta a circulação durante dois dias inteiros por semana. O transporte coletivo, usado pela maioria da população, organiza-se em três modalidades de ônibus: o Transmilênio, um sistema de ônibus articulados que usam corredores exclusivos, inspirado no exemplo de Curitiba; ônibus menores (*chiva*) e micro-ônibus (*busetas*). Para se ter uma visão privilegiada, panorâmica, da extensão da mancha urbana de Bogotá, o melhor lugar é o Cerro Monserrate, a 3.160 metros de altitude.

Os bogotanos não gostam muito de falar sobre guerrilhas e narcotráfico. Preferem dizer que a imagem negativa do país no exterior não corresponde à realidade, e fazem questão de mostrar como a cidade é tranquila. Na última década, o governo investiu muito na segurança pública, e sob a doutrina da chamada "tolerância

zero", a polícia e serviços de segurança privados aparecem, ostensivamente, por quase todo o canto.

Não há desinteresse, muito pelo contrário, nos temas do narcotráfico e da guerrilha. Quando estive na cidade, havia forte expectativa em relação ao lançamento de mais um filme sobre a vida de Pablo Escobar, o "poderoso chefão" do Cartel de Medellín, que teve seu apogeu na década de 1980. As livrarias da cidade expunham com muito destaque um livro recém-lançado, intitulado *La frontera caliente entre Colombia y Venezuela* – narcotráfico, cartel de la gasolina, corrupción, paramilitarismo e retaguarda de la guerilla. Na obra, um grupo de pesquisadores analisa as novas dinâmicas criminais da faixa de fronteira mais tensa da América do Sul.

Deixei Bogotá com a sensação de que os brasileiros deveriam conhecer mais sobre a Colômbia e sua vibrante capital. De lá, fui para o Caribe colombiano: Cartagena de Índias e a ilha de San Andrés.

Na Jordânia, o encontro da geografia com a história (maio de 2013)

Cheguei à Jordânia vindo de Israel através da ponte rei Hussein, uma das várias existentes sobre o rio Jordão, curso fluvial que serve de fronteira entre os dois países. A Jordânia é uma monarquia que se tornou independente em 1946, e o rei que dá nome à ponte governou o país de 1952 a 1999. Após sua morte, o país tem sido regido por seu filho, o rei Abdullah II. A família real jordaniana pertence ao ramo hachemita, grupo que se considera a 42ª geração de descendência direta do profeta Maomé.

Com cerca de 90 mil km², pouco menor que Santa Catarina, a Jordânia faz fronteiras com Israel, Síria, Iraque e Arábia Saudita. Quase 90% do território jordaniano é desértico, fato que se nota imediatamente ao entrar no país. Os recursos hídricos são escassos: cada habitante consome, em média, 123 metros cúbicos de água por ano, quase nada comparados aos mais de 40 mil no Brasil. Em Aman, a capital, que concentra cerca de 40% da população do país, o abastecimento de água é feito apenas uma vez por semana!

A população da Jordânia é, atualmente, de 6,5 milhões de habitantes. Embora se considere que um "jordaniano puro" seria um beduíno, parte considerável da população é formada por palestinos e iraquianos que vieram para o país na condição de refugiados, em decorrência dos conflitos em seus países de origem. Os refugiados mais recentes são os que fogem da guerra da Síria. Estima-se que mais de 200 mil deles já tenham cruzado a fronteira entre os dois países.

Parcela significativa dos jordanianos vive fora da Jordânia, especialmente nos países do gol-

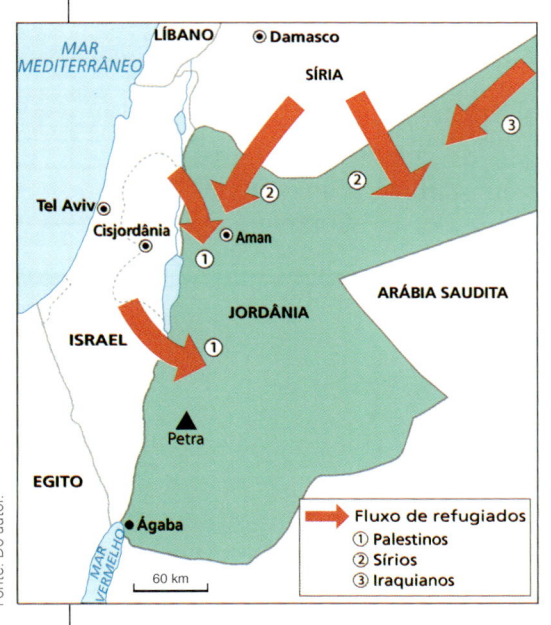

Fonte: Do autor.

A Jordânia e seus vizinhos.

fo Pérsico, onde trabalham nas indústrias ligadas à extração do petróleo. Esses expatriados são economicamente valiosos, pois suas remessas de dinheiro a familiares representam a segunda maior fonte de recursos financeiros da Jordânia.

Os países muçulmanos formam um conjunto político e cultural extremamente diversificado. Na Jordânia, pratica-se um islamismo *"light"*. A poligamia faz parte da tradição religiosa e cada homem pode ter, no máximo, quatro mulheres. São poucos os que desfrutam do "privilégio", já que os custos de manutenção desses "haréns" são cada vez mais altos.

Embora certas práticas conheçam mudanças, ainda hoje a maioria dos casamentos é arranjada entre famílias – e os acordos nupciais preveem o pagamento de dotes por parte da família do noivo. O contrato, referendado religiosamente, prevê inclusive os gastos no caso de divórcio. Por isso, cerca de 90% dos homens possui apenas uma esposa.

Há, no país, um desequilíbrio demográfico entre homens e mulheres, o que faz com que muitos procurem esposas em países vizinhos. Numa visão masculina dos "atributos femininos", os jordanianos consideram que as libanesas são as mais belas; as sírias, mandonas; as egípcias, mais "gordinhas". Há certa preferência

por mulheres de tez mais branca, um padrão estético que leva muitas delas a utilizar cosméticos destinados a clarear o rosto.

Nossa primeira parada foi em Aman, uma das mais antigas cidades construídas nas proximidades do rio Jordão. A capital jordaniana não está no vale do rio, que forma uma depressão absoluta a mais de 300 metros abaixo do nível geral dos mares, mas em cota de altitude de cerca de 800 metros. A melhor paisagem de Aman é a cidadela, local da fundação da cidade, onde se encontra o Museu Arqueológico da Jordânia, que narra a história urbana. Os primeiros vestígios de Aman datam do período neolítico. Ao longo do tempo, a atual "cidade branca" – uma referência ao tipo de pedra local obrigatoriamente utilizada nas construções – esteve dominada por uma extensa lista de povos, que inclui hebreus, assírios, babilônios, persas, gregos, romanos, bizantinos, otomanos e britânicos.

De Aman, seguimos em direção sul por cerca de 300 quilômetros de deserto, percorrendo uma estrada que conecta a capital a Aqaba. A Jordânia conta com uma fachada litorânea de escassos 26 quilômetros, todos eles no mar Vermelho. Aqaba é o único porto marítimo do país. A parada seguinte foi em Petra, uma incrível cidade, escolhida pela Unesco como uma das sete maravilhas do mundo moderno e patrimônio da humanidade. Petra foi construída – esculpida talvez seja o termo mais preciso – em rochas sedimentares de variadas cores pela ação da erosão e dos nabateus, povo que antecedeu os árabes e que ali se instalou mais de dois mil anos atrás.

Os nabateus habitaram a região de Petra por séculos e deixaram como herança uma arquitetura imponente e um engenhoso sistema de canais e cisternas de captação de água, numa área em que ela é absolutamente escassa. Depois de passar por vários domínios, a cidade ficou por muito tempo desabitada e só foi "redescoberta" em 1812, por um viajante suíço.

O acesso mais fácil para se chegar à cidade ancestral é um estreito desfiladeiro, o Siq, de mais ou menos dois quilômetros de extensão. Ao longo desse desfiladeiro, cujas coloridas paredes rochosas são altas e muito próximas umas das outras, com trechos de largura inferior a cinco metros, a sensação é indescritível. Ao final do Siq, abre-se uma espécie de clareira na qual, de imediato, surge a construção conhecida como "O Tesouro", aquela imponente fachada cor-de-rosa que aparece numa das cenas finais do filme *Indiana Jones e a Última Cruzada*. Mas a deslumbrante Petra é muito mais do que isso, com seus palácios, moradias e tumbas.

A parada seguinte foi o Monte Nebo, local onde se supõe que Moisés esteja enterrado. Dali, tem-se uma linda visão panorâmica, que engloba o vale do Jordão, o mar Morto e as cidades de Jericó e Jerusalém. Segundo a tradição, depois de vagar por décadas pelos desertos do Sinai e da Jordânia, Moisés teria, enfim, avistado ali a Terra Prometida, mas morreria antes de poder pisá-la. Foi então que nosso guia jordaniano fez o seguinte comentário: o território da Jordânia está ligado ao Velho Testamento, e o de Israel, ao Novo Testamento.

Percorrendo os cenários do "Dia D" (junho de 1998, com adendos posteriores)

Desde garoto, sempre apreciei filmes de guerra. Dos que tiveram como tema a Segunda Guerra Mundial, dois deles, produzidos com uma diferença de 36 anos, me vêm sempre à lembrança. O primeiro é *O mais longo dos dias* (Ken Anakin, EUA,1962), e o outro, *O resgate do soldado Ryan* (Steven Spielberg, EUA, 1998).

Ambos têm como pano de fundo o "Dia D", um dos eventos históricos mais importantes do século XX. Durante décadas nutri a esperança de um dia visitar a Normandia, região francesa onde ocorreram os eventos mostrados nesses dois filmes.

Chegando à capital francesa, embarquei num ônibus turístico juntamente com inúmeros turistas norte-americanos e duas guias locais, que acompanhariam a excursão e teriam a incumbência de fornecer as informações sobre o roteiro, em francês e inglês.

A primeira etapa da viagem tinha como destino a cidade de Caen. Curiosamente, em vários momentos da excursão, a guia que dava as informações em francês usava um termo que eu entendia como sendo "jurji". Intrigado, pensava o que seria (ou quem seria) esse misterioso "jurji".

Os livros de história no Brasil nos ensinam que o desembarque aliado nas praias da Normandia aconteceu em 6 de junho de 1944, data que é conhecida como o "Dia D" (*D Day*, em inglês). Só depois de algum tempo me dei conta de que o tal "jurji" se referia, na verdade, a *jour* (dia, em francês) e *ji* (letra jota, em francês). Em francês, Dia D é Jour J.

Caen é a principal cidade da Baixa Normandia, uma das regiões administrativas da França, localizada ao norte do país. Foi nessa cidade que aconteceram alguns dos combates mais encarniçados da Batalha da Normandia, que se estendeu de 6 de junho a 21 de agosto de 1944. Praticamente, por toda a região da Normandia existem museus, monumentos e cemitérios, testemunhas silenciosas dos dramáticos acontecimentos que lá ocorreram.

O Memorial de Caen, um museu para a paz, é um exemplo. Seu interior é dividido em três espaços temáticos. O primeiro, denominado "viagem histórica", sintetiza o período entre as duas guerras mundiais. No segundo, são projetados filmes sobre o "Dia D" e a Batalha da Normandia, e no terceiro, o "vale do memorial", a temática é a paz, com destaque para a galeria dos ganhadores do Prêmio Nobel da Paz.

De Caen a excursão seguiu para as praias do desembarque. A primeira área a ser visitada foi a Ponta de Hoc. Esse local é uma falésia de 30 metros de altura, onde estrategicamente os alemães haviam instalado canhões e metralhadoras. No início da manhã do "Dia D", tropas de *rangers* dos Estados Unidos atacaram esse ponto, que só foi conquistado após muitas horas de intensos combates. Mais da metade dos 225 *rangers*, que iniciaram o ataque, foram mortos ou feridos. Para homenagear a bravura dos soldados, o governo francês eri-

giu no local um monumento, cujo terreno foi doado, em 1979, aos Estados Unidos.

Ao lado da Ponta do Hoc está a praia de Omaha. Das várias praias do desembarque, definidas na Operação Overlord, foi nessa que as tropas de assalto aliadas, no caso norte-americanas, sofreram o maior número de baixas. Por conta do terreno acidentado e da defesa fortificada alemã, os estrategistas militares aliados definiram que essa área fosse encarada como um grande objetivo a ser alcançado. As perdas da infantaria norte-americana foram severas, especialmente nas primeiras horas da manhã do desembarque. Tanto isso é verdade que, por volta do meio da manhã do "Dia D", o Alto Comando Militar Aliado

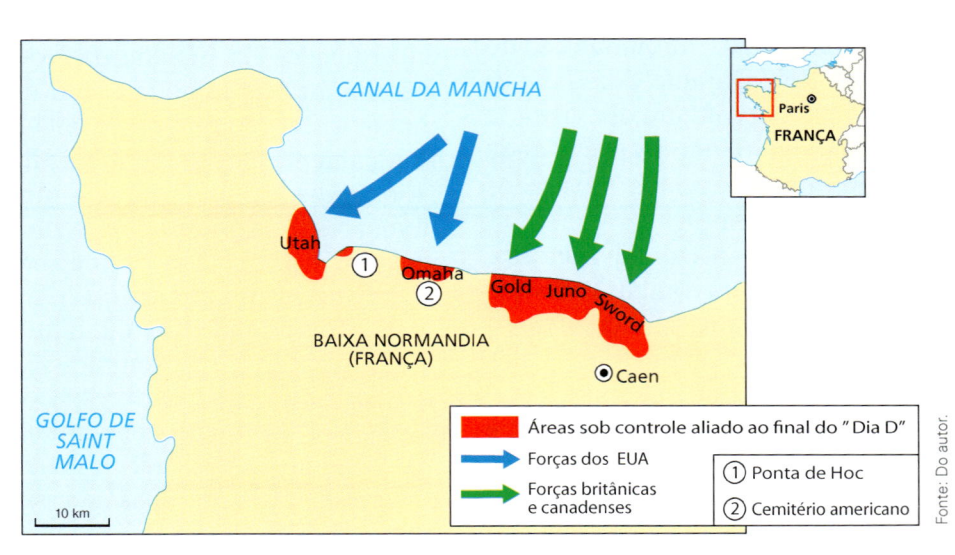

O "dia D" na Normandia.

Fonte: Do autor.

aventou a hipótese de abortar a operação. Contudo, ao final do dia, a praia de Omaha estava sob controle dos norte-americanos.

Ao visitar a praia fiquei alguns minutos olhando em todas as direções, tentando imaginar o grau de angústia dos participantes da batalha. E aí me vieram as lembranças de cenas de *O mais longo dos dias* e, especialmente, os vinte minutos iniciais de *O resgate do soldado Ryan*. Interrompendo meus pensamentos, uma surpresa: havia na excursão um veterano do desembarque que, obviamente, fiz questão de cumprimentar.

Na Normandia existem cerca de trinta cemitérios, onde estão sepultados soldados de várias nacionalidades que participaram das batalhas ocorridas na região. O mais conhecido e visitado é o cemitério norte-americano de Colleville-sur-Mer. Localizado à montante da praia de Omaha, ele abriga os restos mortais de 9.386 soldados norte-americanos.

Inaugurado em 1956, o terreno em que está instalado foi doado pelos franceses ao governo norte-americano. Extremamente bem cuidado, apresenta extensas fileiras de cruzes brancas, intercaladas ocasionalmente por estrelas de Davi (personagem bíblico), tendo gravados em cada uma delas os nomes dos soldados, cristãos e judeus, que tombaram em combate.

Desde a década de 1970, o cemitério tornou-se um local de passagem obrigatória de presidentes dos Estados Unidos. Barack Obama deu seguimento a essa tradição, visitando-o em 6 de junho de 2009, por ocasião do 65º aniversário do "Dia D". Anualmente, cerca de um milhão de pessoas visitam o local, número que aumentou muito após o filme *O resgate do soldado Ryan*. Deve-se lembrar que é ali que se desenrolam as cenas iniciais e finais da película.

Há mais um cemitério norte-americano bem menos conhecido na Normandia, o de Saint James, onde estão os corpos de 4.910 soldados. Mas o maior número de túmulos na Normandia é de soldados alemães: mais de 50 mil, distribuídos em vários cemitérios da região.

Bibliografia

BALENCIE, Jean-Marc; LA GRANGE, Arnaude de (org.). *Mondes rebelles*: guerres civiles et violences politiques. Paris: Michalon, 1999.

BETHEMONT, Jacques. *Les grands fleuves*. Paris: Armand Colin, 2000.

BONIFACE, Pascal (org.). *Atlas des relations internationales*. Paris: Hatier, 1997.

BONIFACE, Pascal; VÉDRINE, Hubert. *Atlas des crises et des conflits*. Paris: Armand Colin/Fayard, 2009.

____. *Atlas do mundo global*. São Paulo: Estação Liberdade, 2009.

BOYD, Andrew. *An atlas of world affairs*. 10. ed. London: Routledge, 1998.

CHAUPRADE, Aymerie; THUAL, François. *Dictionnaire de géopolitique (États, Concepts, Auteurs)*. Paris: Ellipses, 1998.

CLARKE, Robin; KING, Jannet. *O atlas da água*. São Paulo: Publifolha, 2005.

DESCHAIES, Michel; BAUDELLE, Guy. *Ressources naturelles et peuplement*. Paris: Ellipses, 2013.

DEMANT, Peter. *O mundo muçulmano*. São Paulo: Contexto, 2004.

DE VILLIERS, Marq. *Água*. Rio de Janeiro: Ediouro, 2002.

DUMORTIER, Brigitte. *Atlas des religions*. Paris: Autrement, 2002.

ENCEL, Frédéric. *Atlas géopolitique d'Israel*. Paris: Autrement, 2008.

GIAMBIAGI, Fabio; PORTO, Claudio (orgs.). *2022: proposta para um Brasil melhor no ano do bicentenário*. Rio de Janeiro: Campus-Elsevier, 2011.

GILBERT, Martin. *The routledge atlas of the arab-israeli conflict*. Londres: Britsh Library, 1996.

HUNTINGTON, Samuel P. *O choque das civilizações e a recomposição da ordem mundial*. Rio de Janeiro: Objetiva, 1997.

KHANNA, Parag. *O segundo mundo*. Rio de Janeiro: Intrínseca, 2008.

LACOSTE, Yves (dir.). *Diccionnaire géopolitique des États*. Paris: Flammarion, 1995.

____. *Géopolitique: la longue histoire d'aujourd'hui*. Paris: Larousse, 2006.

MAGNOLI, Demétrio. *Relações internacionais*: teoria e história. São Paulo: Saraiva, 2004.

____. (org.). *História da paz*. São Paulo: Contexto, 2010.

____; BARBOSA, Elaine S. *O leviatã desafiado*. Rio de Janeiro: Record, 2013.

NANTET, Bernard. *Dictionaire d'histoire et civilisations africaines*. Paris: Larousse, 1999.

OLIC, Nelson Bacic *Retratos do mundo contemporâneo*. São Paulo: Moderna, 2008.

____. *Mundo contemporâneo*: geopolítica, meio ambiente e cultura. São Paulo: Moderna, 2010.

____. *Geopolítica dos oceanos, mares e rios*. São Paulo: Moderna, 2011.

OLIC, Nelson Bacic; CANEPA, Beatriz. *Conflitos do mundo*: um panorama das guerras atuais. São Paulo: Moderna, 2009.

____. *Oriente Médio*: uma região de conflitos e tensões. São Paulo: Moderna, 2012.

____. *África*: terra, sociedades e conflitos. São Paulo: Moderna, 2012.

O'NEILL, Jim. *O mapa do crescimento*. São Paulo: Editora Globo, 2012.

ORTOLLAND, Didier; PIRAT, Jean-Pierre. *Atlas géopolitique des espaces maritimes*. Paris: Technip, 2010.

RUBENSTEIN, James M. *The cultural landscape:* an introduction to human geography. Nova Jersey: Prentice Hall, 2009.

SANJUAN, Thierry. *Atlas de la Chine*. Paris: Autrement, 2007.

SELLIER, Jean. *Atlas des peuples d'Afrique*. Paris: La Découverte, 2003.

SMITH, Laurence C. *O mundo em 2050*. Rio de Janeiro: Elsevier, 2011.

SMITH, Stephen. *Atlas de l'Afrique*. Paris: Autrement, 2005.

WELZER, Harald. *Guerras climáticas*. Belo Horizonte: Geração Editorial, 2010.

ZAKARIA, Fareed. *O mundo pós-americano*. São Paulo: Companhia das Letras, 2008.

Periódicos e revistas

Almanaque Abril 2013. São Paulo, Abril.

Jornal *O Estado de S.Paulo*.

Jornal *Folha de S.Paulo*.

Jornal *Mundo* – Geografia e Política Internacional. São Paulo, Pangea (vários números).

L'Atlas du Monde Diplomatique, 2010 e 2013.

Manière de Voir. Paris, *Le Monde Diplomatique* (vários volumes).

Revista *CEO-Exame* (vários números).